식물 번식법을 알 수 있는

접목 삽목의 실제

알기 쉬운 기법

권영한 편저

전원문화사

머리말

　씨(種子)가 열리지 않는 것

　여러 겹의 꽃이나 자웅이종(雌雄異種)으로 숫나무와 암나무가 가까이에 심어져 있지 않은 것은 꽃이 피어도 결실을 맺지 않고 씨가 열리지 않으면 실생(實生: 씨가 싹터서 식물이 자람)은 되지 않는다.

실생이 되어도

씨가 열리는 것은 실생으로 번식시킬 수 있으나 결실까지는 너무 오랜 시간이 걸린다. 또, 노력의 보람이 있어 결실이 되어도 어미나무(母樹)와 똑같은 것이 된다는 보장도 없으며 대체로 좋지 않은 것이 많다.

크고 맛이 좋았던 복숭아의 씨를 심어도 더 작은 다른 품종의 것이 열리기도 한다. 이와 같은 것이 되지 않도록 하는 번식법이 접붙이기(接木), 꺾꽂이(挿木), 포기나누기 등에 의한 방법이다.

어느 방법이든 식물체의 일부분을 자르거나 붙이거나 해야 하므로 식물에 있어서는 심한 상처라 생각된다. 조금이라도 불리한 요소가 있으면 활착은 기대할 수 없다. 좋은 조건, 좋은 환경일 때 최선의 방법을 강구하고 있으면 설령 성공을 하지 못했다 해도 그 실패의 원인이 어디에 있었는지 구체적으로 알아낼 수 있으므로 다음 번에는 반드시 성공할 가능성이 많아지는 것이다.

그 후의 관리

모처럼 여러 가지의 방법으로 뿌리를 내려도 관리가 적절하지 못하면 보다 좋은 생장은 기대할 수 없다. 흙에 대하여, 물주기에 대하여, 비료에 대하여 등은 나무의 종류에 따라 시기에 따라 각기 다른 취급법이 있다.

이러한 모든 것이 관련을 맺어 활착하여 생육을 계속한다. 이러한 모든 사항을 다룬 것이 이 책의 주된 내용이다. 독자 여러분의 원예작업에 많은 도움이 되기를 간절히 바랍니다.

− 지은이 씀 −

Contents

PART 02 접붙이기의 방법 – 실기와 실례

PART 03 휘묻이의 방법 – 실기와 실례

PART
01
꺾꽂이의 방법
실기와 실례

01 꺾꽂이란

꺾꽂이(cuttage : 揷木)는 가지·줄기·잎·눈 등의 일부분을 어미나무(母樹)에서 잘라내어 뿌리를 내리게 하여 하나의 식물체를 만들어내는 방법을 말한다. 꺾꽂이를 하면 다음과 같은 효과를 얻을 수 있다.

① 어미나무와 같은 성질을 갖는 품종을 증식할 수 있다.
② 한 번에 다수의 묘목을 얻을 수가 있다.
③ 실생(實生)보다 큰 묘목이므로 개화(開花)가 빠르다.
④ 씨를 얻을 수 없는 어미나무도 이 방법으로 증식할 수 있다.
⑤ 작업이 간단하므로 실용적이다.

02 꺾꽂이의 시기

꺾꽂이의 시기는 뿌리가 없는 삽수(揷木)나 눈꽂이가 발근하기 쉬운 온도와 밀접한 관계가 있다. 보통 섭씨 15도에서 25도 정도의 온도가 적당하므로 이 온도가 지속되는 시기가 좋다. 수목에 따라 다소 차이가 있지만 대략 다음과 같은 시기가 적당하다.

- 침엽수는 3~4월 … 겨울눈(冬芽)이 벌어지는 무렵(흑송 등)
- 상록수는 5~6월 … 초여름(동백나무 등)
- 낙엽수는 2~3월 … 겨울눈이 벌어지기 전의 봄(석류, 개나리 등)
- 초본류는 3~5월 … 묘의 개화기(단양쑥부쟁이, 잔디, 벚나무 등)
- 야채류는 3~5월 … 묘를 심어 활착 후(가지, 토마토 등)

"

삽수의 채취는 해가 뜨기 전에, 늦어도 오전 9시 전에 하는 것이 좋다. 다음과 같은 준비를 해두자.

- 충실한 가지를 고를 것
- 삽수가 너무 가늘지 않을 것
- 삽수의 길이는 10~20cm, 초본류에서는 4~8cm
- 초본류나 야채류는 윗줄기에서 아래쪽 한 마디째 이상의 길이가 필요하다.
- 칼은 예리한 것을 사용한다. 난이나 관음죽 등을 다룰 때는 소독하여 사용하는 경우도 있다.
- 꽃이나 봉오리가 달린 줄기는 되도록 사용하지 않는다. 지난해에 결실한 줄기도 피하도록 한다.
- 활착이 잘 되게 하기 위해 삽수에 물을 빨아올리게 한다. 수목의 삽수에서는 1~2시간, 초본류·야채류의 삽수에서는 30분 정도 자른 곳을 물에 담가둔다.

꺾꽂이에 적합한 흙은 다음과 같다.

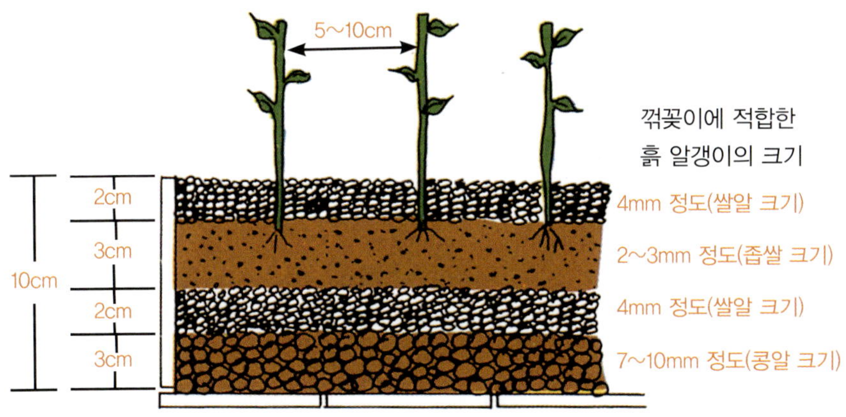

여기에 물이끼나 피이트모스 등을 20% 섞어도 좋다.

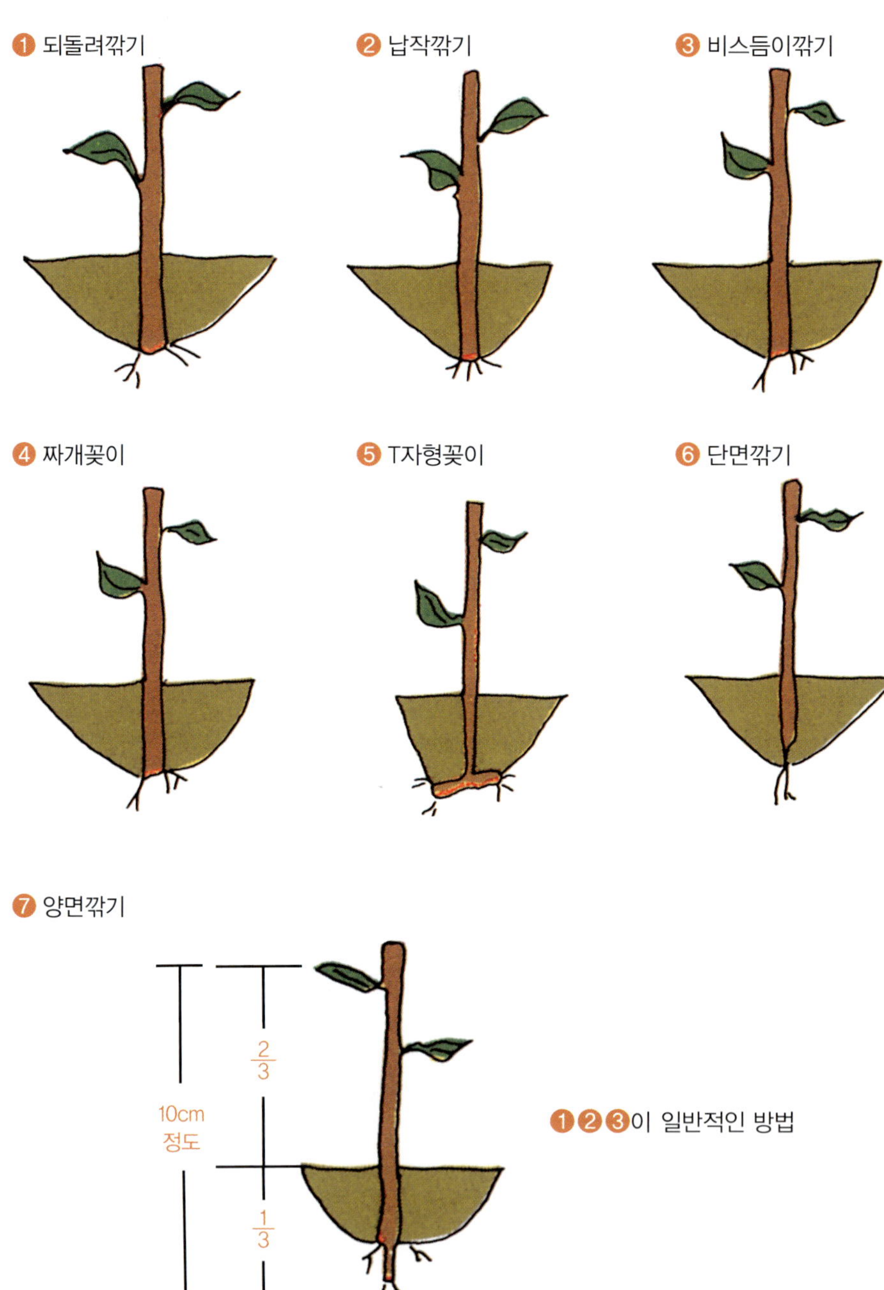
1 되돌려깎기
2 납작깎기
3 비스듬이깎기
4 짜개꽂이
5 T자형꽂이
6 단면깎기
7 양면깎기
2/3
10cm
정도
1/3
1 2 3이 일반적인 방법

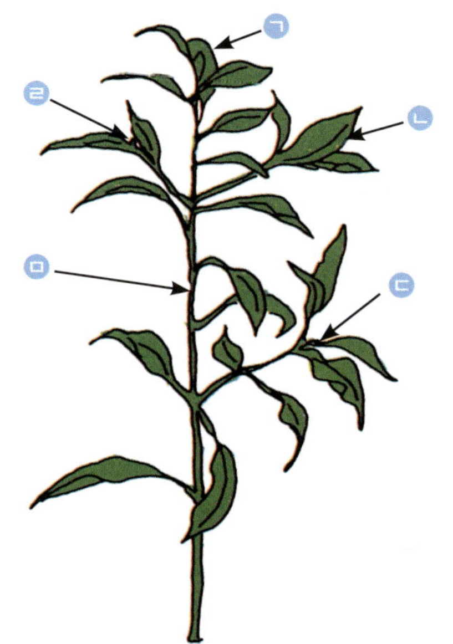

가지 끝쪽이 가지의 기부보다 어리므로 발근이 잘 된다.

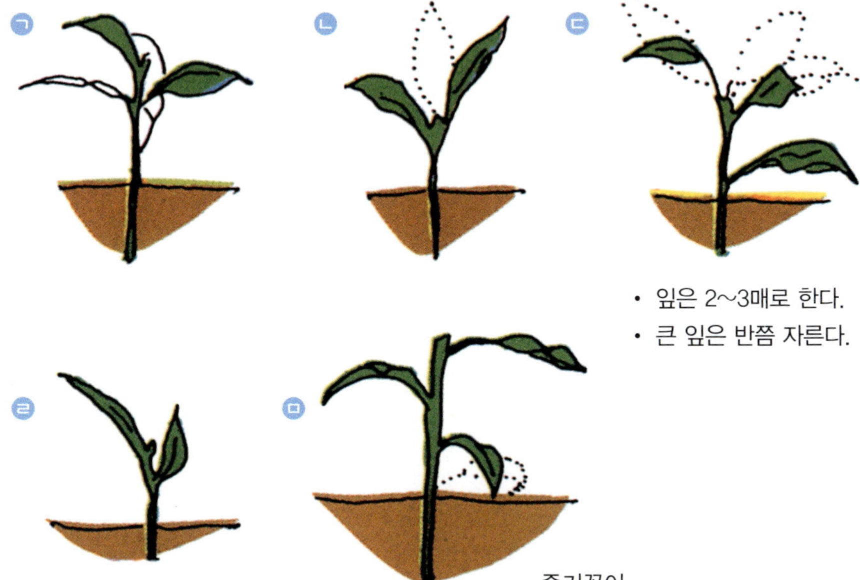

- 잎은 2~3매로 한다.
- 큰 잎은 반쯤 자른다.

줄기꽂이

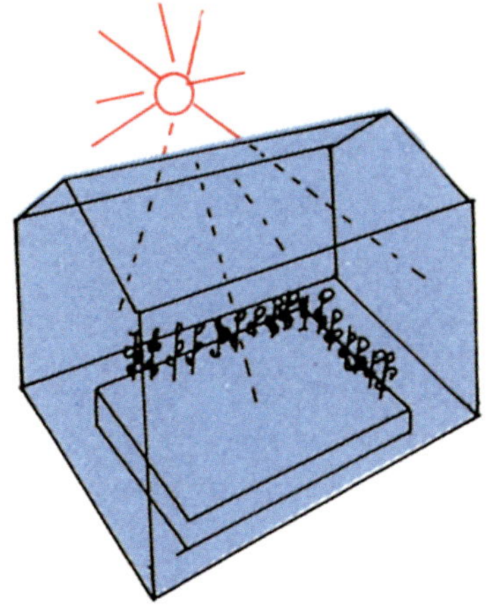

습도가 충분히 유지되는 곳이라면 발은 필요 없다. 물크러지지 않도록 환기한다.

꺾꽂이 후 며칠은 발이나 한랭사로 직사일광을 가려준다.

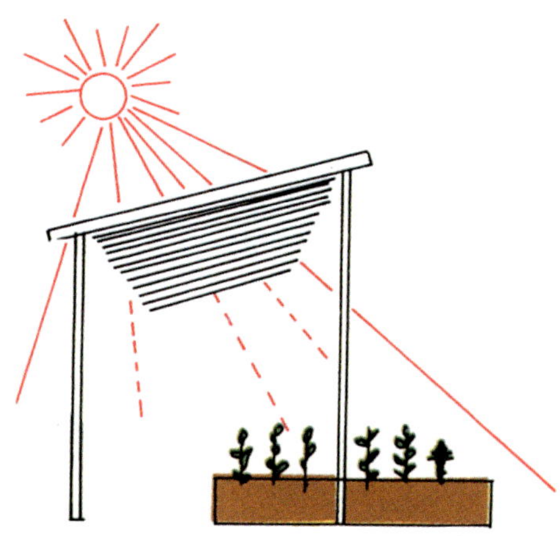

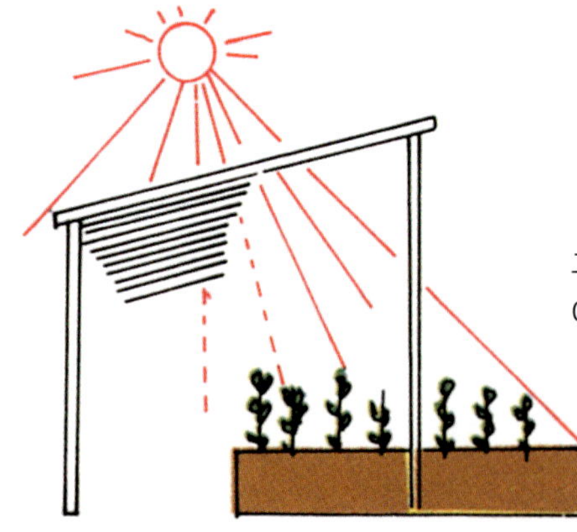

그 후 당분간 한나절은 햇볕이 잘 드는 장소에 둔다. 저녁 햇볕은 좋지 않다.

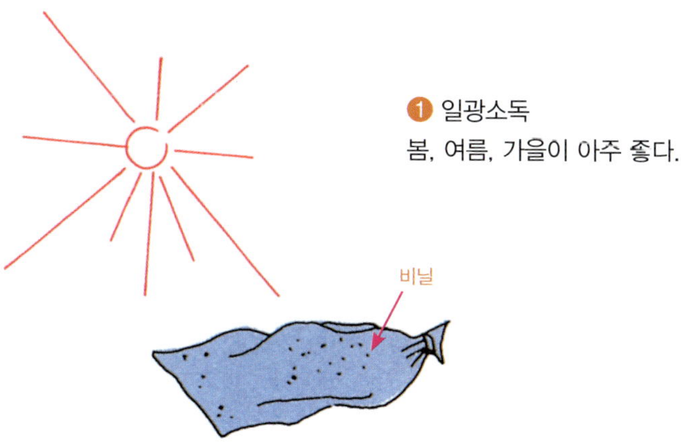

❶ 일광소독
봄, 여름, 가을이 아주 좋다.

❷ 가열소독
김이 올라오기 시작하면 옮겨 바
꾼다.

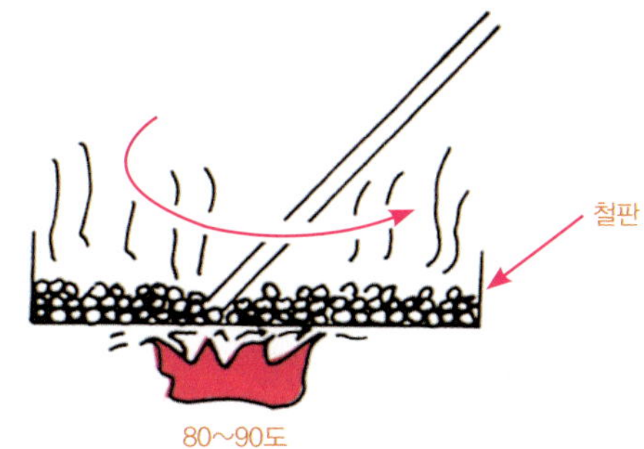

❸ 열탕소독

❶ 채로 쳐서 알갱이를 대 · 중 · 소로 나눈다.

❷ 상자 따위를 이용해 삽상한다.

❸ 밑에는 굵은 알갱이, 중간 크기 순서로 한다.

❹ 표면을 수평으로 고르게 한다.

▲ 플랜터의 삽상

▲ **경단꽂이**: 큰 것에는 식나무, 치자나무 등, 작은 것에는 국화 등 초화에 응용한다.

❶ 잘 드는 칼로 한 번에 자른다.

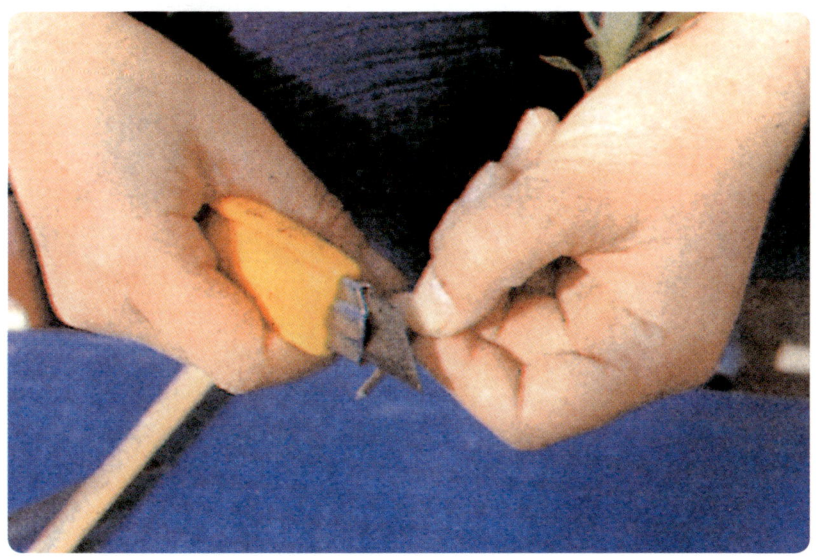

❷ 굵은 것은 다음과 같이 자른다.

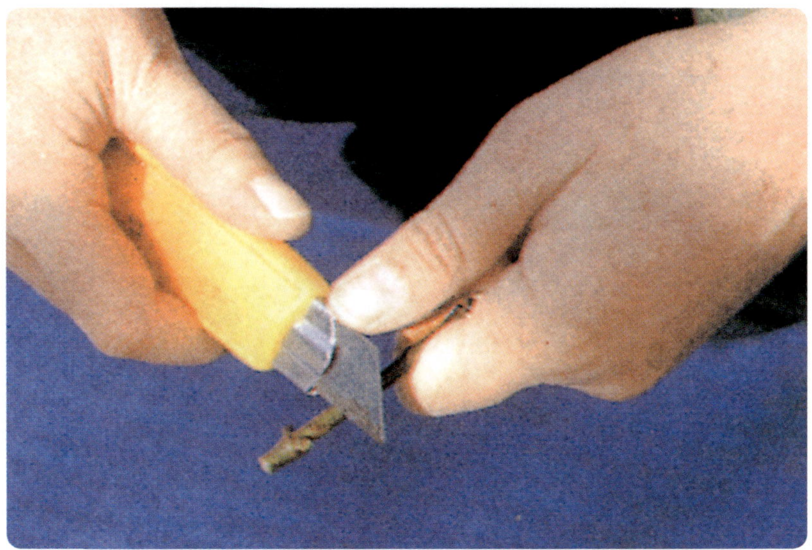

❸ 잘 드는 가위라도 괜찮다.

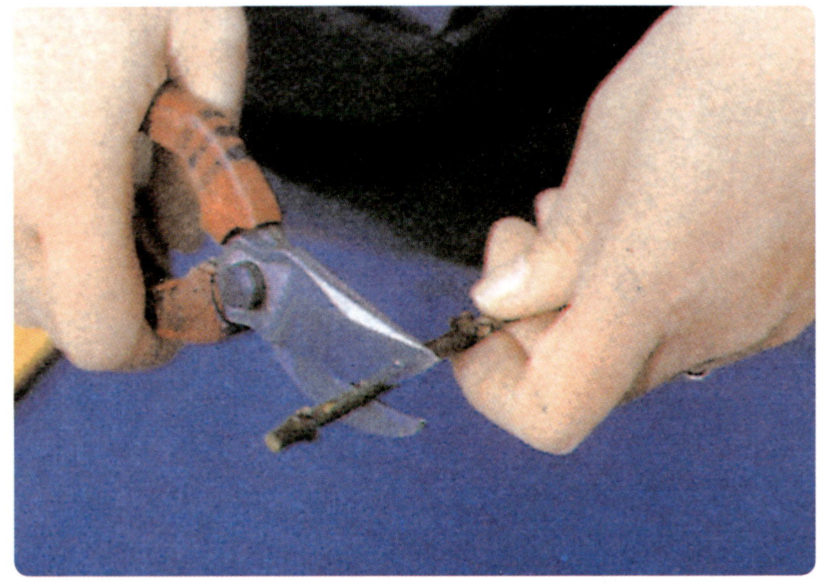

❹ 접수에 명찰을 달고 물에 담근다.

❺ 가느다란 접수는 핀셋으로 집는다.

❻ 삽수의 끝은 상하지 않도록 한다.

- 영산홍은 쌍가지가 많이 나오기 쉬우므로 푸른가지꽂이에는 이용할 것이 많지 않다.
- 줄기꽂이는 분재나 나무 모양을 생각할 경우에는 하지 않는다.

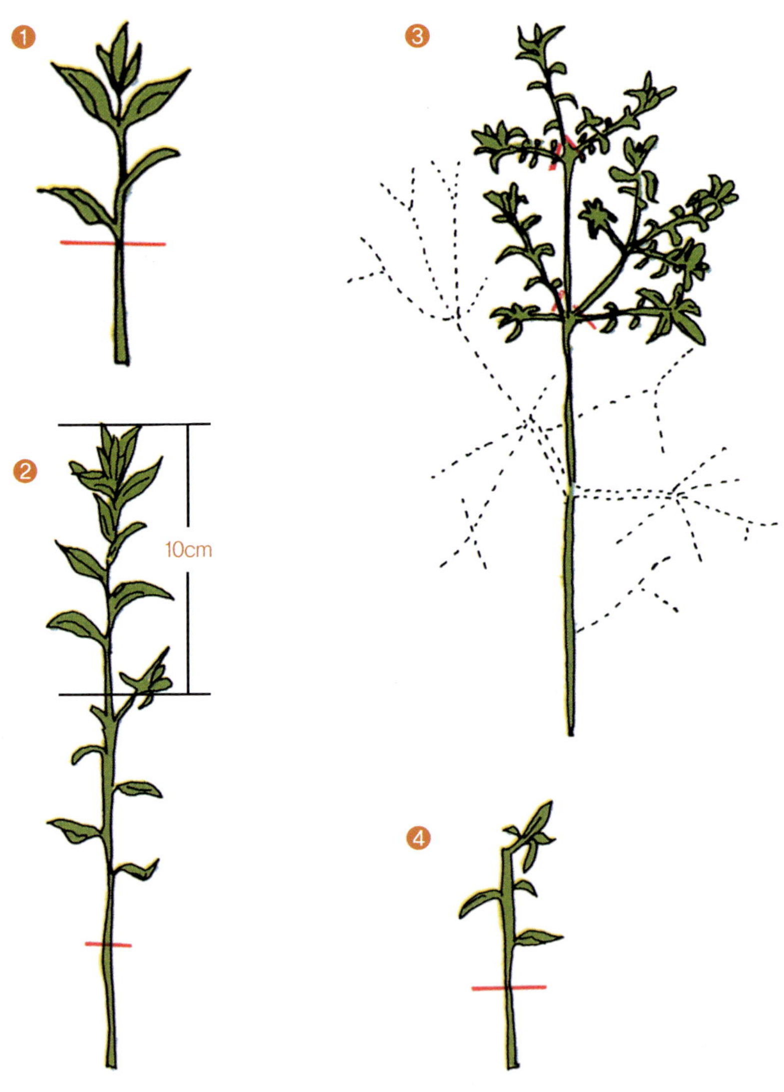

삽수 고르는 방법은 다음과 같다.

한 포기에서 ❺의 그림과 같이 여러 가지 모양이 되는 종류가 있다. 송파와 송경 등이다. ○ 표시의 것을 삽수로 하면 여러 가지 모양이 된다.

- 꺾꽂이 시기는 6~7월이 좋다.
- 삽수의 잎은 6~7매 남긴다.
- 2개월 후에 이식해도 좋다.
- 다음 해 4~7월에 이식한다.
- 옆으로 퍼지는 성질의 것이 많으므로 세로로 높게 뻗도록 한다. 반해그늘이 되는 장소에 두는 것도 한 가지 방법이다.
- 옮겨심기는 5년 동안은 매년 1회 한다. 이때의 흙은 새 흙을 사용한다.

2~3년 이상 옮겨 심지 않고 그대로 두면 뿌리는 잘 퍼지지만 줄기는 충실하지 못하다.

꺾꽂이를 하고 난 후 수 년 후의 영산홍

❶ 1~2년 후 도장 가지는 잘라준다. 곁눈은 떼낸다. 움돋은 어린 싹도 꺾어버린다.

❷ 2~3년 후 각 가지가 쌍가지가 되므로 1~2개 남기고 잘라버린다. 영산홍은 가지의 어디를 잘라도 눈이 돋는다.

❸ 3~4년 후 받침대는 옮겨심을 때 사용한다.

▲ 드라세나의 꺾꽂이

▲ 크로톤(오른쪽)과 스파티필럼(왼쪽)

▲ 금호

▲ 게발선인장

▲▶ 덴드로비움

▲ 선인장의 꽃

❶ 뿌리가 1년이면 이렇게 된다.

❷ 묵은 흙을 제거하고 얽혀있는 뿌리를 풀어준다.

❸ 대나무 주걱 따위로 흙을 제거한다.

❹ 길게 뻗은 잔뿌리의 끝을 1/3쯤 잘라 버린다.

❺ 준비한 흙은 가운데를 높게 올린다. 굵은 알갱이는 밑에 넣는다.

❻ 가운데를 높게 한 흙에 뿌리중심을 놓고 주위에 중간 알갱이, 그 위에 잔흙을 넣는다.

❼ 손으로 눌러가며 젓가락 따위로 화분 가장자리에서 뿌리 둘레에 빈틈없이 채워 넣는다.

❽ 다시 흙을 넣고, 나무가 넘어지지 않도록 채워 넣는다.

❾ 철사로 모양을 바로 잡아준다.

❿ 밑으로 물이 흘러나오도록 흠뻑 물을 준다.

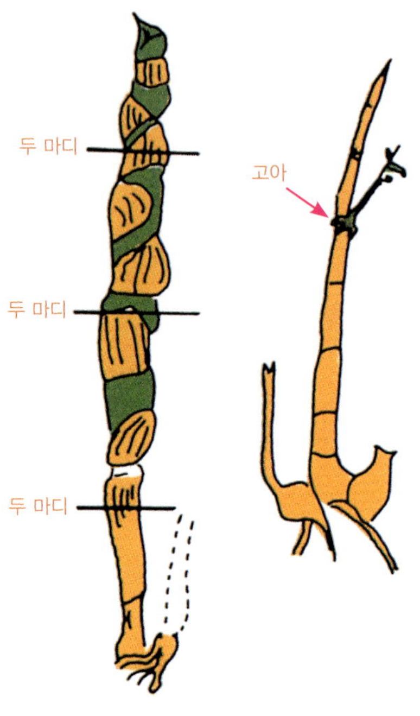

❶ 어미줄기는 새눈이 돋아날 때쯤 떼어
낸다(4~5월).
꽃이 지고 나면, 처음부터 꽃과 잎을 떼어
내고 4월까지 그대로 둔다.

❷ 두 마디 이상에서 잘라 나눈다(4월).
고아는 포기나누기를 한다.

❸ 물이끼 위에 줍기눕힘 한다.

❹ 물이끼 속에 눈꽂이 한다.

꺾꽂이

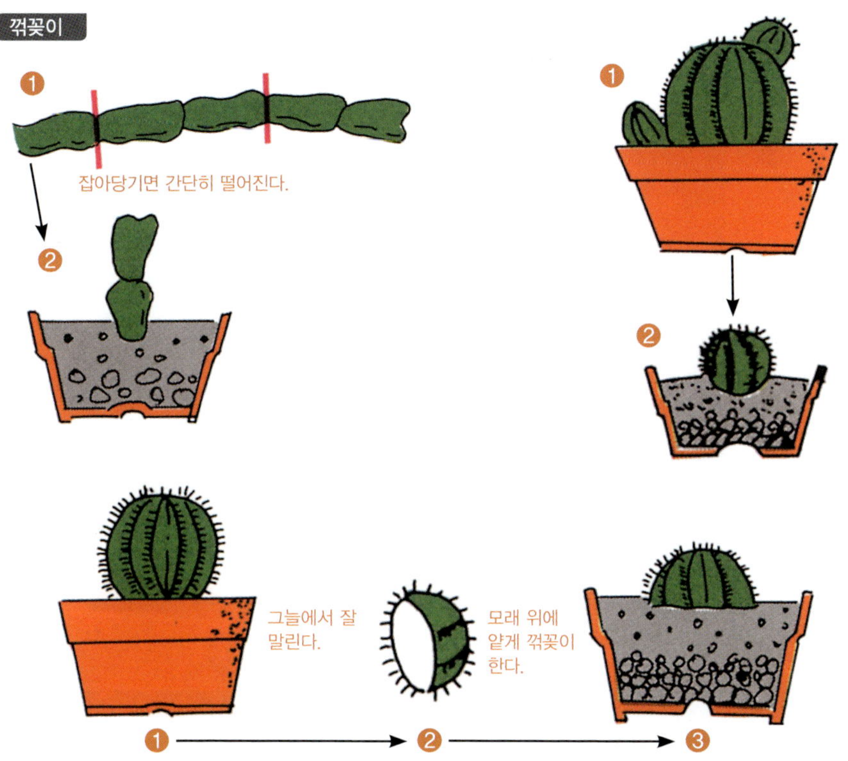

접붙이기

접수도 대목도 편편하게 자른다.

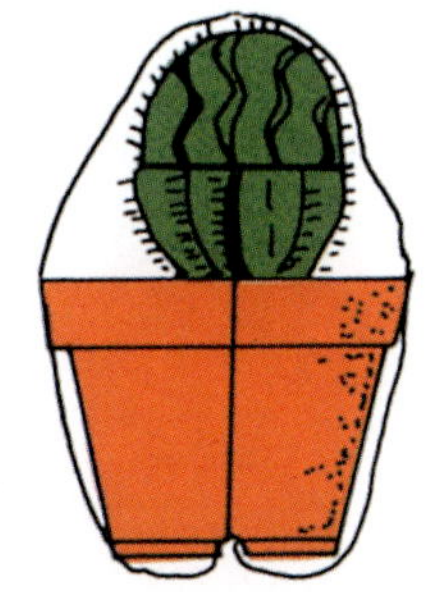

중심을 맞추어 바로 접붙이기를 한다. 움직이지 않도록 묶는다. 1주일 정도 후에 끈을 풀어준다.

삐져나온 부분을 잘라 버린다.

▲ 호야 베라(Hoya bella)

▲ 아펠란드라

▲ 아디안텀

▶ 파키스타키스 · 루테아

▲ 포토스(금혼덩굴풀)

삽상의 토양(흙)이 좋지 않으면 모처럼 준비한 삽수가 활착하지 않는 결과를 가져온다. 삽수에 적합한 흙은 주로 다음과 같다.

- 물이나 공기가 잘 통할 것
- 보수성이 좋을 것
- 식물에 해가 되는 것(특히 유기성 비료)이 함유되지 않을 것
- 식물에 해가 되는 미생물이 없을 것
- 흙이 식빵이나 카스테라와 같이 틈이 있고 부드럽게 부푼 것이라면 이상적이다.

다음 표에서 이것을 단적으로 표시해 보자. 어떤 자재도 단용(單用)으로는 위에서 말한 조건은 갖출 수가 없다. 그러므로 이들 자재를 혼합하여 조건이 좋게 되도록 연구하게 되는 것이다. 일반적으로 흔히 이용되고 있는 것은 나중에 설명하는 토양 부분을 참조하기 바란다.

자재별 \ 성질	통기성	통수성	보수성	식물체 고정성
모래	○	○	×	×
점토	×	×	○	○
물이끼	○	○	○	×

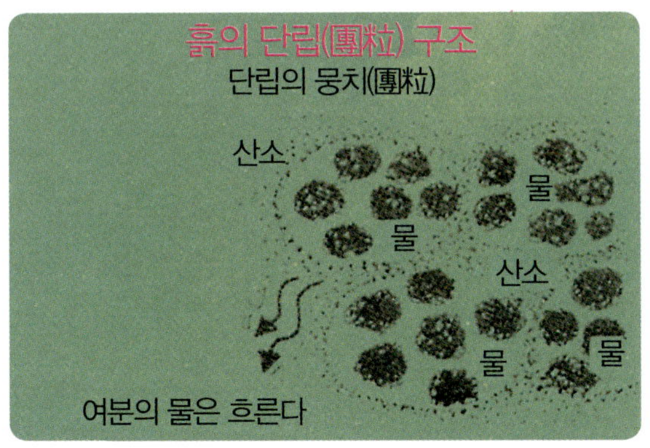

■ 국화의 월별 생육과정과 관리

월	순별	생육과정과 관리
5월	상 중 하	} **눈꽂이** … (대국의 품종). 잎을 3~4매 달리게 한다. 발근
6월	상 중 하	**작은 분에 올림** … 5치 화분에 올린다. 8치 분 **순지르기** … 3개를 남기고 유인한다.
7월	상 중 하	**큰 분** … 8~10치 화분에 분갈이 **받침대** … 길이 1.5m의 받침대 3개를 세워 각 받침대에 줄기를 묶는다. **거름주기**
8월	상 중 하	**꽃눈분화** … 해가리개로 더위를 막는다. 줄기를 굵게 하여 수성을 강하게 한다.
9월	상 중 하	**봉오리 맺음** … 3개의 줄기를 받침대의 또 한군데 묶는다. 봉오리가 많이 맺어 물들기 시작한다. **봉오리따기** … 3개의 봉오리를 남기고 전부 따낸다.
10월	상 중 하	테틀을 부착한다. } **거름주기**
11월	상	**개화** … 개화 후에 응달에 두면 꽃이 오래 간다.

■ 관엽식물의 번식시기와 요령

식물명	과명	번식시기(월)	최저온도 (섭씨)	포인트	배양지
아디안텀	양치류	포기나누기 5~7	3~5	건조에 약하다.	모래질과 부엽토
아펠란드라	쥐꼬리 망초	꺾꽂이 5~6, 9~10 상순	5	반 해 그늘에 두어 물 끊김이 없도록	모래질과 부엽토
꿀덩굴풀	꿀덩굴풀	꺾꽂이 휘묻이 5~7	15	고온다습이 좋다. 뿌리가 매우 가늘다.	물이끼
포토스 (금혼덩굴풀)	토란	눈꽂이 5~8 중순	12	생육이 빠르다.	물이끼
파키스타키스 루테아	쥐꼬리 망초	꺾꽂이 5~7	5	봄·가을·겨울은 햇볕에 쪼인다.	모래질과 부엽토
페페로미아	백서향	꺾꽂이 5~7	15	여름엔 물 끊김이 없도록 한다.	모래질과 부엽토
호야(앵란)	박주가리	꺾꽂이 5~7	3~10	건조에 강하다.	물이끼

삽수가 길면 흔들거리기 쉬우므로 경단꽂이를 하여 뿌리
밑둥을 고정시킨다. 또는 받침대를 대는 것도 하나의 방
법이다.

치자나무

식나무

삼나무

● 윗눈꽂이(줄기 끝을 사용한다)

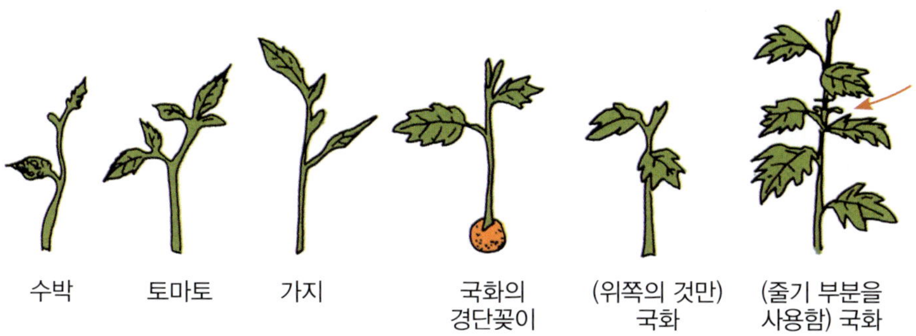

수박　　　토마토　　　가지　　　국화의　　(위쪽의 것만)　(줄기 부분을
　　　　　　　　　　　　　　　　경단꽂이　　　국화　　　사용함) 국화

5월 상~중순에 눈꽂이를 한다. 삽수의 길이 5~8cm, 잎은 3~4매 달리게 한다. ❶, ❷ 중 어느 것이든 좋다.
삽상에 꽂는 방법은 다음과 같다.

❶ 경단꽂이

❷ 짜개꽂이

❸ 흙을 뭉친 채 ❹의 분올림을 한다.

❹ 분올림을 1회로 끝낼 경우는 8~10치 화분을 사용한다.

화분을 거꾸로 하여 빼낸다.

❺ 6월 중순에 순지르기를 한다.

❻ 7월 상순에 큰 화분인 8~10치 화분에 분을 올린다.

3개의 눈을 받침대에 잡아 당겨 묶어 고정시킨다. 9월 하순에 봉오리 따내기를 한다.

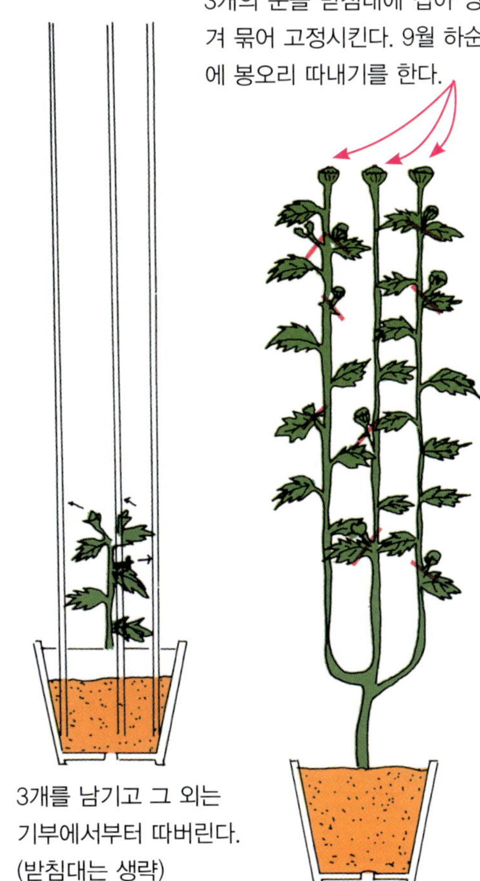

3개를 남기고 그 외는 기부에서부터 따버린다. (받침대는 생략)

▲ 대륜 국화

열대성 화목(花木)의 관엽식물

관엽식물은 잎의 색채, 모양에 재미있는 것이 많아 실내 장식에 많이 이용되고 있다. 원산지는 열대에서 온대지방에 걸쳐 다양하다. 따라서 관리는 여름의 직사일광을 피하고 1년 내내 고온 다습하게 관리하는 것이 재배의 포인트이다.

꺾꽂이나 포기나누기도 온도의 관리만 충분히 잘하면 언제나 할 수가 있다. 일반적으로 여름철의 환경이 좋아 이 시기에 성장을 꾀해야 하므로 그 이전에 꺾꽂이 등을 해두면 좋다. 다음 표가 그 주요 내용이다.

대륜(大輪) 국화 만드는 법

대륜피기의 국화 만들기는 눈꽂이에서 반년간이면 볼품 있는 꽃을 피게 할 수가 있고, 관리도 하기 쉬운 원예이다. 그 순서와 패턴은 다음과 같다.

- 다음 해를 위한 준비로, 10월경부터 묘상에 심어 월동시킨다(추운 지방에서는 비닐로 덮어준다). 봄에 새눈이 나오므로 이 눈을 삽수로 한다.
- 토양(흙)은 배수성, 통기성, 보수성, 보비성(保肥性) 등 모든 조건을 갖추고 있는 것이 중요하다. 물이 잘 통하면 그 곳으로 공기도 잘 통한다. 이것과는 모순되는 것 같으나 물을 보지(保持)하는 성질도 필요하다. 보수성이 있으면 비료도 오래 보지된다. 이렇게 양면을 갖춘 흙이 바람직하다.
- 비료는 깻묵(야채의 씨앗이나 깨 등에서 기름을 짜낸 찌꺼기)과 골분(骨粉)을 5대 1의 비율로 물에 반죽하여 살구열매 크기로 만들어 2~3개를 화분 가장자리에 얕게 묻어 주고 없어지면 다시 치비(置肥)한다.
- 분올림은 화성비료(지효성의 화학비료) 3~5g을 흙과 잘 섞어 그 속에 옮겨 심는다.

유기질비료(깻묵, 어분, 골분)인 경우는 완전히 발효된 썩은 것을 사용하지 않으면 발효열로 뿌리를 상하게 한다. 분올림 등 옮겨심기를 할 때 그냥 잡아 빼지 말고 이식용 흙손 따위를 사용하여 옮겨 심도록 한다. 옮겨심기의 목적은 뿌리에 자극을 가해 꽃눈이 잘 맺도록 하는 작용을 하는데 있다.

세송이 피기가 일반적인데 한송이 피기, 두송이 피기도 또 다른 풍취가 있다.

■ 국화를 왜소하게 키우기 위한 생육과정과 관리

월	순별	생육과정과 관리
7월	상 중 하	**눈꽂이** … 더운 때이므로 삽상은 펄라이트나 피이트모스 등의 무균으로 비료분이 없는 것이 좋다.
8월	상 중 하	**발근** … 뿌리가 잘 나온 것부터 3~4치 화분에 분올림 한다. **분올림** … 그 후, 3~4일이면 새 눈이 뻗는다. **B나인** … 제1회째의 B나인 250배액을, 생장점을 중심으로 선체에 살포한디. **분갈이** … 5치 화분에 분갈이, 3~4일 후 제2회째의 B나인 살포(1회째와 같이)
9월	상 중 하	**봉오리가 돋음** … 순지르기는 하지 않음. 곁눈은 기부에서 따낸다. 여분의 봉오리는 뻗어지기 시작할 때 봉오리따기를 한다.
10월	상 중 하	비료(有機質)는 봉오리가 부풀기 시작할 때까지 비효(肥效)가 미치도록 거름주기를 한다.
11월	상 중 하	**개화**

■ 꺾꽂이로 번식되는 수목

수목명	시기	줄기의 길이 (cm)	잎의 처치
삼 나 무	3월 상순~4월	15	아래 부위 1/2의 잎을 제거한다.
서 향	3월 상순	7~8	3~4매 남긴다.
남 천	3월 상순	10	5~6매 남긴다.
무 화 과	3월 상순	20	줄기만 꺾꽂이
매 실 나 무	3월 상순	15	눈이 붙어 있는 가지
치 자 나 무	4~6월	20	3~4매 남기고 잎 끝을 바짝 자른다.
구 슬 회 양 목	4월 상순	15	아래 부위 1/2의 잎을 제거한다.
주 목	4월 상순	10	아래 부위 1/3의 잎을 제거한다.
후 피 향 나 무	5월 상순	15	3~4매 남긴다.
덩 굴 류	5월 상순	20	3~4매 남긴다.
홍 가 시	5월 상순	10	3~4매 남긴다.
월 계 수	6월 중순	15	2~3매 남기고 잎 끝을 바짝 자른다.
산 다 화	6월 중순	10	3~4매 남기고 잎 끝을 바짝 자른다.
영 산 홍	6~7월	10	6~7매 남긴다.
무 궁 화	6월 중순	20	아래 부위 1/3의 잎을 제거하고 가지 끝을 바짝 자른다.
아 왜 나 무	6월 중순	20	3~4매 남기고 잎 끝을 바짝 자른다.
동 백 나 무	6월 중순	10	3~4매 남기고 잎 끝을 바짝 자른다.
식 나 무	7~9월	30	3~4매 남기고 잎 끝을 바짝 자른다.
배 롱 나 무	7~9월	20	6~7매 남기고 가지 끝을 바짝 자른다.
석 류	7~9월	20	6~7매 남기고 가지 끝을 바짝 자른다.
물 푸 레 나 무	8월 중순	10	3~4매 남기고 가지 끝을 바짝 자른다.
명 자 나 무	9월 상순	15	아래 부위 1/2의 잎을 제거한다.

▶ 수종에 따라 꺾꽂이의 난이도는 있으나, 이 외에도 할 수 있는 것이 많다.

국화를 왜소하게 키우기

왜소하게 키운다는 것은 줄기의 길이(30~50cm)를 억제하여 대륜의 꽃을 피게 하므로 베란다 재배 등에 어울리게 가꾸는 것이다. 품종은 대륜으로 조생종이며 단간종(短幹種)이 좋다. 7~8월에는 발로 차광해 준다.

- 시비(施肥)
① 눈꽂이를 한 후 2주일 가량 지난 후부터 물거름을 1주일에 한 번씩 봉오리가 부풀 때까지 계속 준다.
② 3~4치의 화분에 심은 후부터 깻묵 5, 골분 2의 비율로 티스푼 2개 분량을 화분 주위의 3~4군데에 치비한다.
③ 5치 화분에 옮겨 심은 후부터 봉오리가 부풀 때까지 ②와 같은 비료를 10일에 1회 정도 치비한다.
- B 나인은 줄기의 신장을 억제하는 호르몬의 일종이다.

 05 꺾꽂이 후의 관리

식물의 생육에는 햇볕이 필요하다. 꺾꽂이를 한 후 햇볕을 받으면 동화작용이나 증산작용이 생긴다. 그러나 그것에 대응할 만한 수분을 빨아올릴 수 있는 뿌리가 없다. 따라서 다음과 같은 관리가 중요하다.

- 2~3일간은 응달에 놓아두거나 갈대로 만든 발로 직사광선을 피하거나 또는 비닐로 가려주어 지나친 건조를 막아주고 일정한 온도를 유지하도록 환경에 길들인다.
- 1주일 후부터는 반나절 정도 양지 바른 곳에 내어 놓는다.
- 나무의 종류에 따라 다르지만 삽수는 2개월에서부터 1년간은 움직이지 않도록 한다.
- 물을 줄 때에는 구멍이 작은 물뿌리개로 삽수나 흙이 움직이지 않도록 살며시 주도록 한다.
- 비료는 뿌리 내릴 때까지 주지 않는다.
- 1년 후부터 옮겨심기를 하는 등 어느 것이나 소홀히 할 수 없다.

 **메리크론(생장점 조직배양)의 기술**

메리크론(배양)은 생장점을 배양하여 식물체를 만들어내는 눈꽂이의 일종이다. 생장점의 맨 끝에서 0.1~1mm 정도 잘라내어, 비료나 미량요소나 호르몬 등을 한천(寒天)으로 굳힌 것에 눈꽂이를 하여 무균과 온도와 습도의 관리로 배양한다.

배양 도중에 세포가 모여 새로운 눈(Protocorm)이 생긴다. 이 새로운 눈을 분리한 것에서도 식물체가 생기며, 또 분리한 식물체의 생장점에서도 식물체를 만들 수 있다. 이와 같이 생장점은 끊임없이 분열을 되풀이 한다. 이와 같은 생장점은 무병균이므로 건전한 묘를 만들 수 있다.

카네이션, 난, 고구마 등에 실용화되고 있다(1952년 프랑스의 모렐(Morel)이 고안하였다).

 ## 06 삽수의 생리(生理)

가지나 줄기를 자르면 그 자른 자리를 아물게 하는 호르몬이 베어낸 자리에 몰려 갤러스(Callus)라는 뿌리가 되는 바탕이 형성된다. 여기에서 발근되어 삽수가 활착한다.

- 뿌리가 없기 때문에 당분간은 삽수에 저장된 양분만으로 살아가야 한다. 그러므로 삽수가 너무 가늘면 좋지 않다.
- 수목의 경우는 묵은 가지보다 새로 나온 가지 쪽이 비교적 잘 발근한다. 초목이나 야채류의 경우는 줄기의 위 부위가 아래 부위보다 확착률이 좋다.
- 삽수의 잎은 붙어 있는 편이 유효하나, 큰 잎새나 너무 많은 잎의 경우는 적당히 잘라 줄이도록 한다.
- 물주기는 겉흙이 말라 있을 때 흠뻑 주도록 한다

PART
02
접붙이기의 방법
실기와 실례

접붙이기(接木: Grafting)는 유전 형질이 다른 대목과 접순을 접붙여 우량품종을 번식시키기 위해 과수, 꽃나무, 채소 등에 많이 이용되고 있다. 이를 테면 병해나 추위 등에 강한 대목에 맛있는 과실이나 아름다운 꽃의 가지를 접순으로 붙여 키우는 것 등이다.

분류학상 다음 표의 예와 같이 '같은 종류의 같은 무리가 아니면 안 된다'라고 일컬어지고 있다. 접붙이기의 효과를 나열하면 다음과 같다 .

① 꺾꽂이나 휘묻이로 활착이 곤란한 경우에 이용한다.

② 씨가 없는 경우도 증식시킬 수 있다.

③ 실생(實生)으로는 얻을 수 없는 우량 품종을 증식시키는 경우

    ㉠ 결실(結實), 결과가 좋은 것

    ㉡ 꽃이 좋은 것

    ㉢ 병충해에 대해 내성이 있는 것

    ㉣ 연작장해(땅에 같은 곡식을 연거푸 심어 잘되지 않는 것) 현상이 없는 것 등을 이용한다.

④ 꺾꽂이보다 생육이 빠르다.

⑤ 가지가 없는 부분에 가지를 붙인다.

⑥ 한 그루에서 빛깔이나 모양이 다른 꽃을 피게 한다.

접붙이기의 이러한 이변은 반드시 좋은 것만 된다는 보장은 없다. 단지, 좋은 것을 이용하여 새로운 개체로 만든다는 의미이다.

■ 접붙이기를 할 수 있는 접순과 대목

시기	접순	대목
3월 상순	매실나무	들매실 복숭아
2월 중순	단풍나무	산단풍
2월 상순	장미	찔레
9월 상순	모란	작약
3월 상순	물푸레나무	구골나무
4월 상순	동백나무	산동백나무
2월 중순	오엽송	곰솔(黑松)
2월 중순	금송(錦松)	곰솔(黑松)
3월 상순	귤나무	탱자나무

접붙이기에 사용되는 나무의 종류나 접붙이기의 방법에는 여러 가지가 있고 각각의 종류에 따라 적당한 시기가 있어 그에 맞는 방법이 사용된다. 일반적으로는 대목(臺木)의 수액(樹液)이 움직이기 시작할 무렵 봄눈(春芽)이 부풀기 시작할 때에 많이 한다. 대체적으로 다음 표와 같이 된다.

■ 접붙이기의 적합한 시기

계절	봄	여름	가을	겨울
월	③, ④, 5	6, ⑦, ⑧	⑨, ⑩, 11	12, 1, ②
침엽수	일부	·	·	○
상록수	○	·	·	일부
낙엽수	○	일부	일부	일부
수목의 상태	휴면기에서 활동기에 걸치는 시기, 야채도 이 시기	봄부터 생육한 수목은 입하(立夏)가 휴면기	1년의 생육을 끝내고 휴면기	수액(樹液)이 활발하게 움직이지 않는 시기

03 접순의 준비

이른 봄 2~3월에 접붙이기를 하는 경우에 접순 채취는 다음과 같은 점이 포인트가 된다.

① 충실한 것

② 지난해에 결실했던 가지는 피한다.

③ 꽃눈이 있는 가지는 피할 것

④ 상처가 난 가지는 피할 것 등

⑤ 접순은 접붙이기를 하기 10~20일 전에 조금 길게 잘라내어 흙속에 묻어 두거나 섭씨 5~10도 정도의 냉장고에 건조하지 않도록 넣어두고 접붙이기 해야 할 시기에 꺼내어 접순 만들기를 한다.

04 접붙이기의 생리

접붙이기가 잘 되게 하려면 다음과 같은 절차가 필요하다.

- 대목과 접순이 같은 종류로 한 무리가 아니면 활착하지 않는다.
- 대목과 접순의 베어낸 자리에서 유상(癒傷) 호르몬이 나와 베어낸 자리를 유합(癒合)하려고 한다. 때문에 대목과 접순의 접합 부분을 밀착시켜 움직이지 않도록 하는 것이 중요하다.
- 대목(뿌리를 가진 나무) 쪽이 활동을 시작하여 휴면 중인 접순에 양수분(養水分)을 보내주는 순서로 되어야 활착하기에 알맞다.

접붙이기의 단면

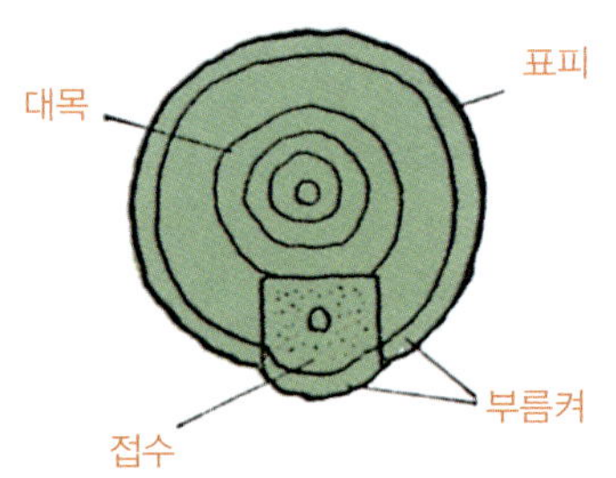

이것과 반대인 경우 접순의 활동이 활발하여 양수분을 필요로 해도 대목이 휴면 중이라면 양분을 공급할 수 없게 되고 햇볕쪼임이나 비바람에 시달려서 생육이 제대로 되지 않는다. 예를 들면 경제활동에서 말하는 수요가 많고 공급이 적으면 곤란한 현상이 일어난다는 것과 흡사한 것이다.

- 온도와 습도, 수액이 유통할 무렵에는 기온은 올라가고 습도는 내려가 접순이 건조하다. 특히 접순의 겉껍질이 건조되어 목질부(木質部)와의 균형을 망가뜨려 기능을 충분히 발휘하지 못하게 된다. 접붙이기 후에는 당분간 비닐 따위로 외기를 차단하여 온도를 일정하게 유지하도록 유념해서 관리해야 한다.

❶ 목질부에 닿는 깊이로 칼자국을 낸다.

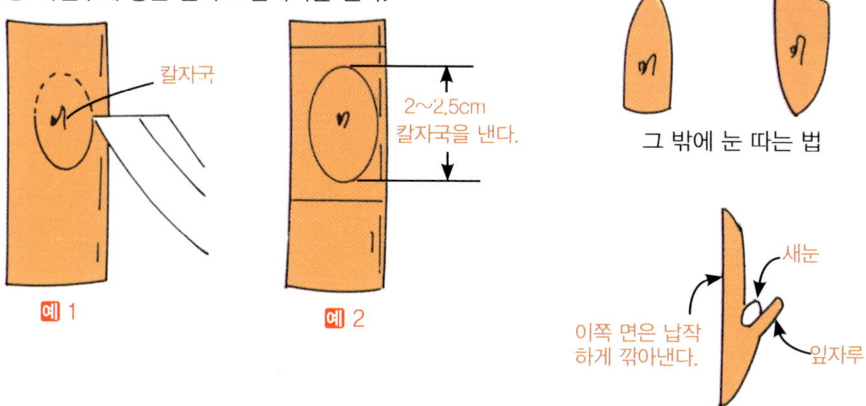

❷ 목질부를 조금 깎일 만큼의 깊이로 베어낸다.

❸

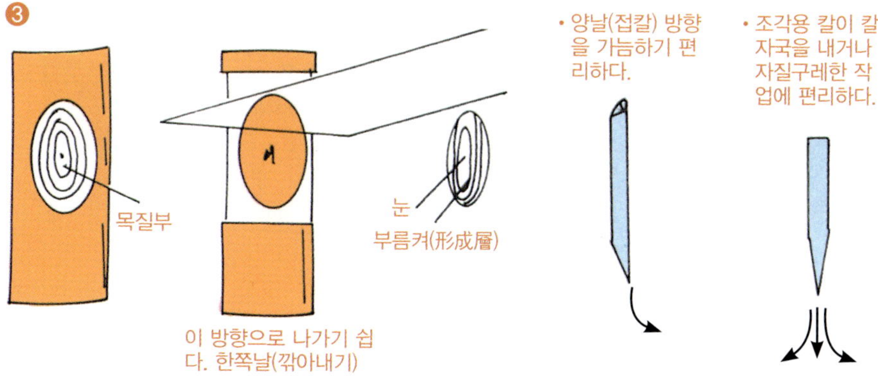

① 거친 나무껍질은 벗겨내고 매끈하게 한다.

② T자형으로 칼자국을 낸다.

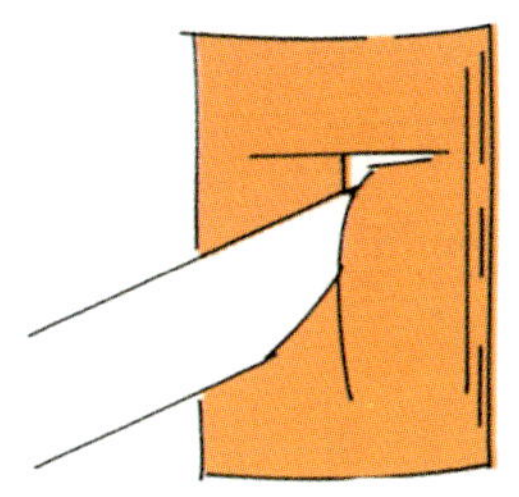

③ 접칼로 밀어 벌린다. (오른손잡이인 사람은 오른쪽을 먼저)

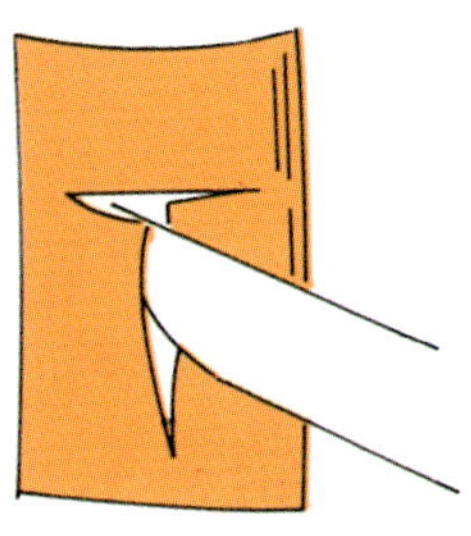

④ 다음에 왼쪽으로 벌린다.

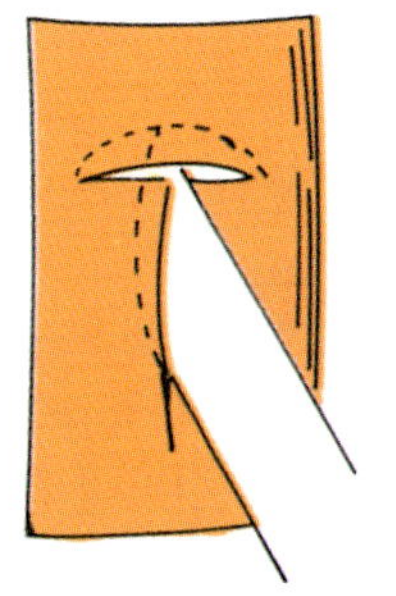

⑤ 왼쪽으로 벗기면 대목의 건조가 적다.

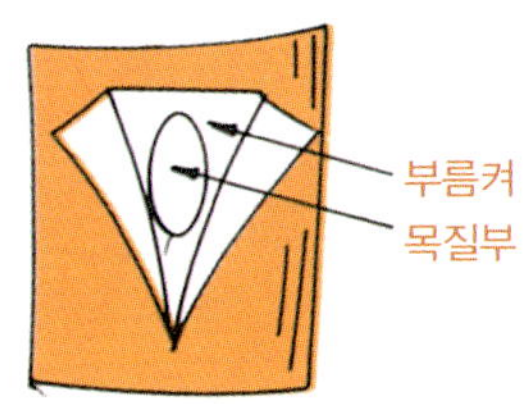

⑥ 부름켜 목질부도 약간 필요하다.

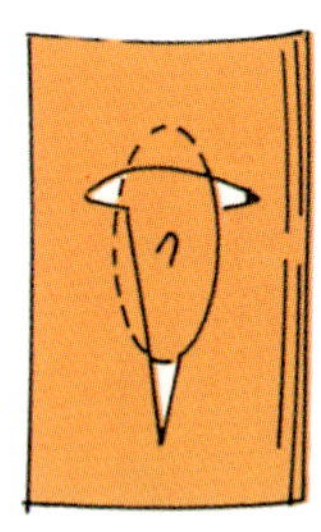

⑦ 눈을 벤 자리에 밀어 넣는다.

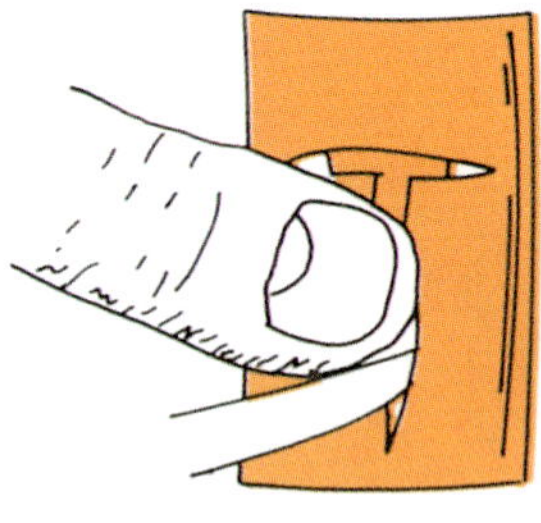

⑧ 삽입 완료 직전

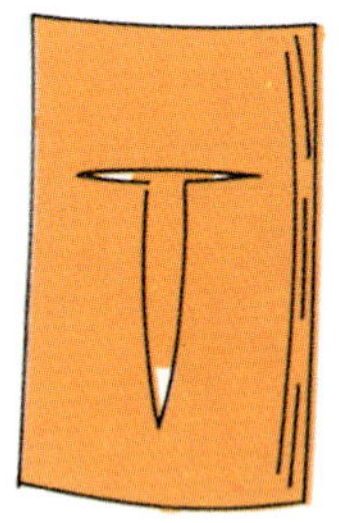

⑨ 삽입이 끝난 모양

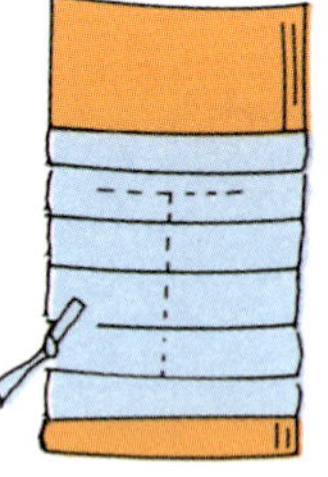

⑩ 비닐테이프 짚 따위로 약간 세게 감는다.

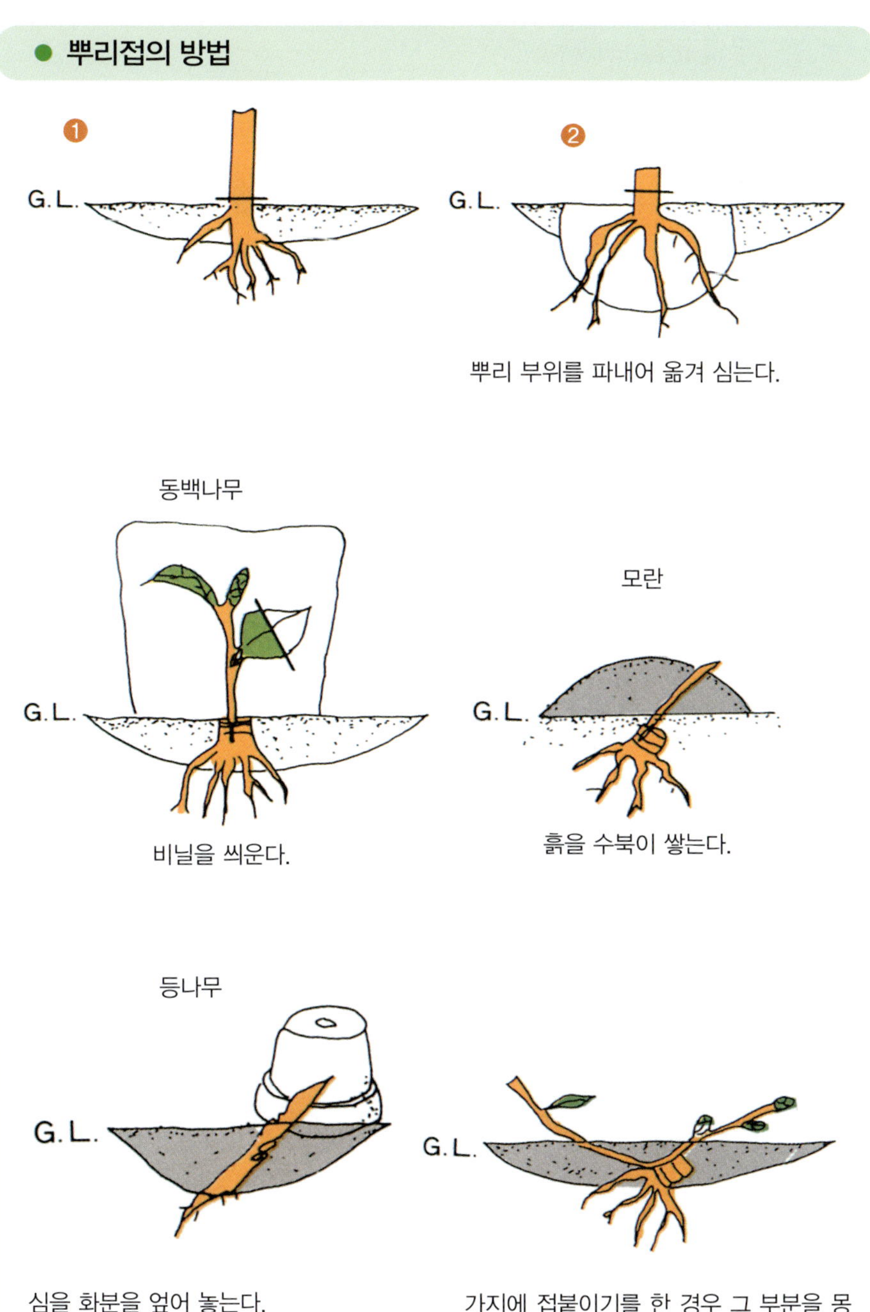
❶
G.L.

❷
G.L.
뿌리 부위를 파내어 옮겨 심는다.

동백나무
G.L.
비닐을 씌운다.

모란
G.L.
흙을 수북이 쌓는다.

등나무
G.L.
심을 화분을 엎어 놓는다.

G.L.
가지에 접붙이기를 한 경우 그 부분을 몽
땅 흙 속에 묻어둔다.

❶ 대목에 칼자국을 낸다.

❷ 대목은 앵도(벚나무의 일종)이며 접순은 사앵이다.

❸ 눈의 주위를 세게 감아 붙인다.

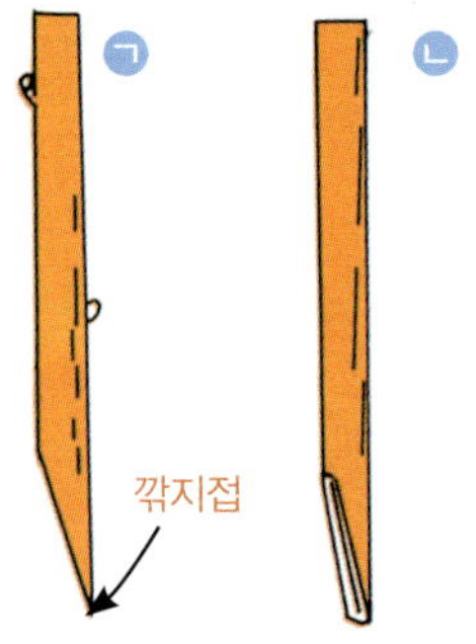

① 접수(쐐기형으로 어슷하게 깎는다)

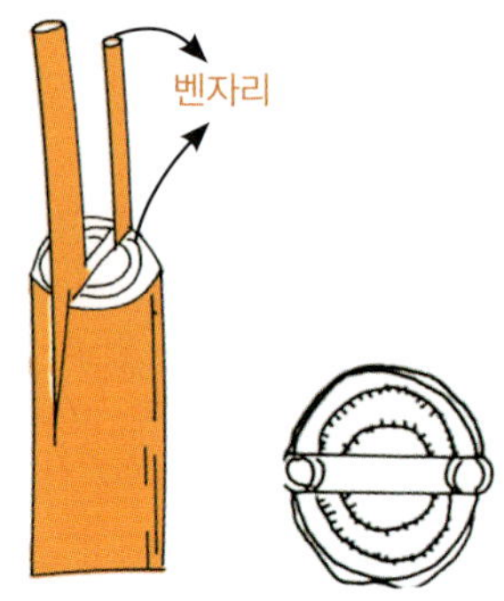

② 벤 자리에는 접붙이기용 발코트(접착 및 증발 억제제)를 발라둔다.

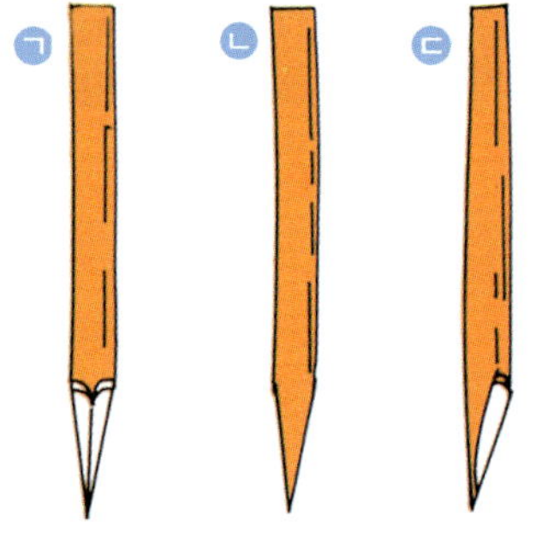

③ 접수(양면을 똑같이 깎아 삼각추 모양으로 한다.)

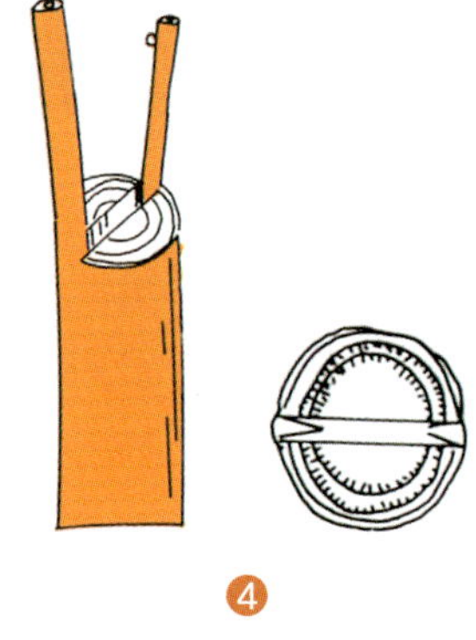

④

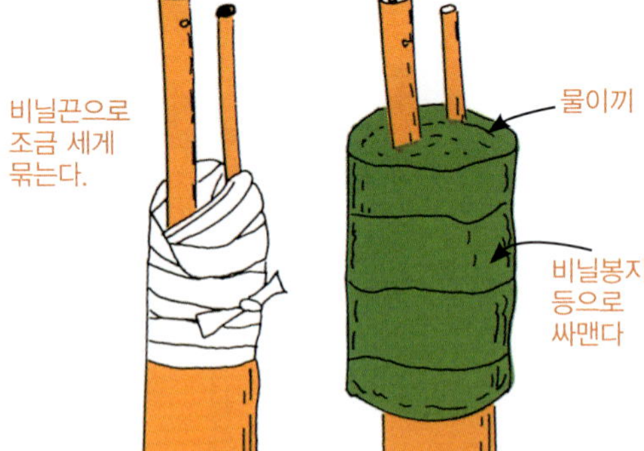

- 접붙이기를 한 후의 관리는, 깎기접과 거의 같다.
- 접수가 2개 모두 활착하면 그대로 가꾸어도 좋고, 또 1개만 가꾸어도 좋다. 수종에 따라 정한다.

대목은 곰솔을 사용, 삽수할 나무는 오엽송이나 금송의 경우이다.
이러한 접붙이기 나무의 경우 활착이 되어도 접착 부위를 경계로 위 부위와 아래 부위의 생육이 불균형이 되어 어느 한쪽이 견디지 못하는 수가 있어, 이 부분에서 부러지거나 생기가 결핍되어 시드는 수가 있다.

❶ 수목은 지름 1cm 정도의 가지 끝(푸른 가지)을 사용한다.

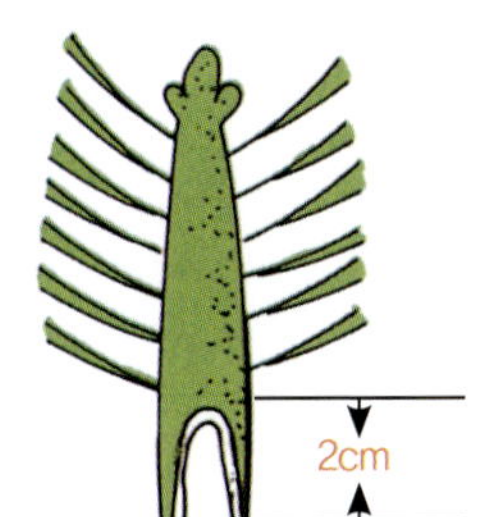

❷ 대목 1~2년생 묘의 경우

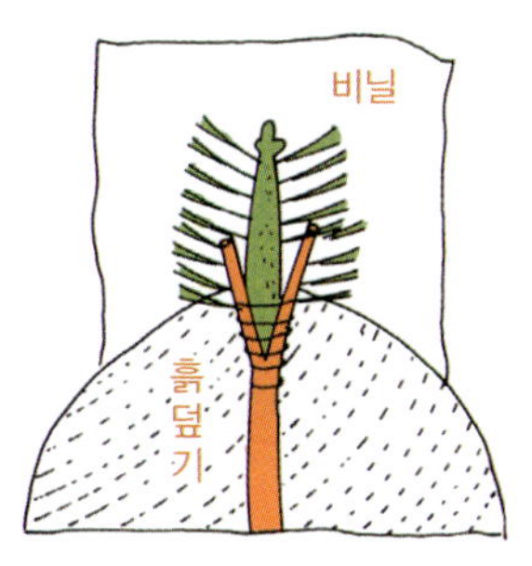

잎을 함께 묶어도 좋다.

❸ 대목은 2~3년생 묘로 충실한 것을 고른다.

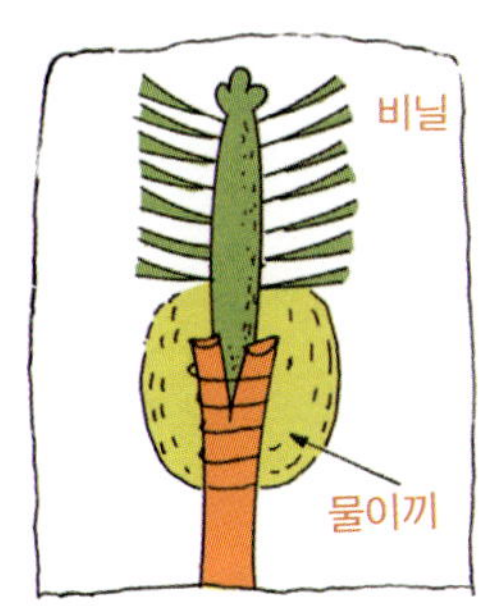

❶ 대목은 실생 곰솔 3년생, 높이 5~10cm에서 위 부위는 잘라낸다.

❷ 대목의 중앙부에 칼자국을 넣는다.

❸ 칼자국을 손가락으로 찢듯이 쪼갠다.

❹ 접수인 오엽송을 삽입한다.

❺ 접붙이기 작업을 끝낸다.

❻ 건조 방지를 위해 비닐을 덮어 둔다.

① 대목

② 수목

③ 접붙이기를 할 위치에 대목을
이동시킨다.

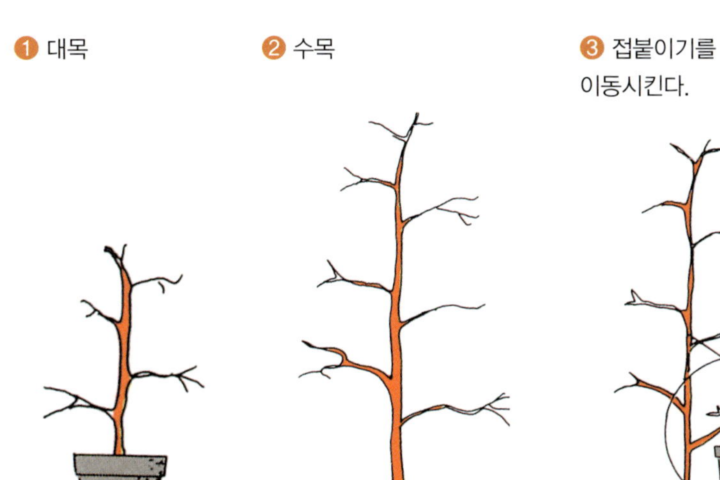

④ 부름켜, 목질부의 각각을 밀착시켜
비닐 따위로 감는다.

⑤ 그 위를 물이끼로 싸
주어도 좋다.

⑥ 활착 후 불필요한
가지를 자른다.

목질부에 조금 붙을
정도로 엇베어 깎는다.

① 접붙이기를 하기 쉽게 이 가지를(화살표 표시 부분) 위를 향해 당겨 모은다.

②

③ ②의 부분을 확대한 그림 당겨 모은 가지에서 나온 1~2년생의 작은 가지를 접수로 한다.

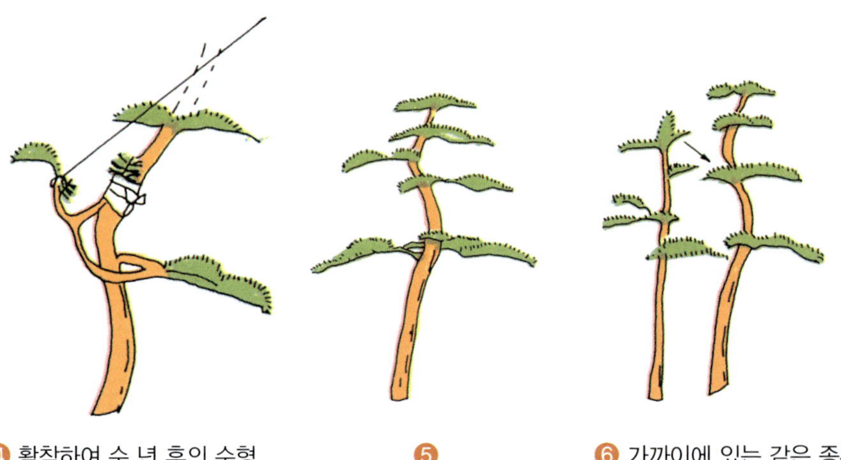

④ 활착하여 수 년 후의 수형

⑤

⑥ 가까이에 있는 같은 종류의 나무를 이식하여 그것을 접수로 하는 방법도 있다.

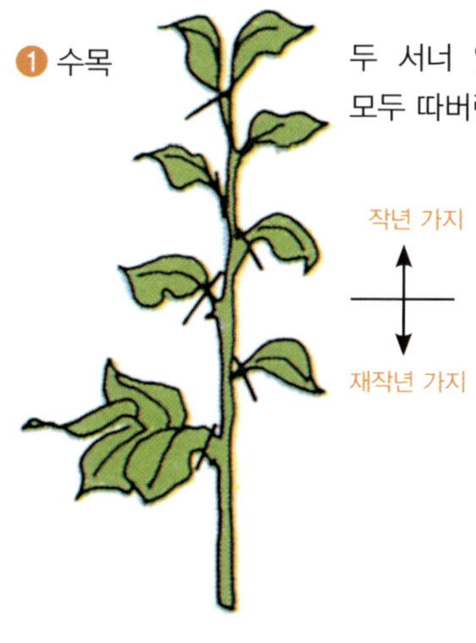

두 서너 잎만 남기고 모두 따버린다.

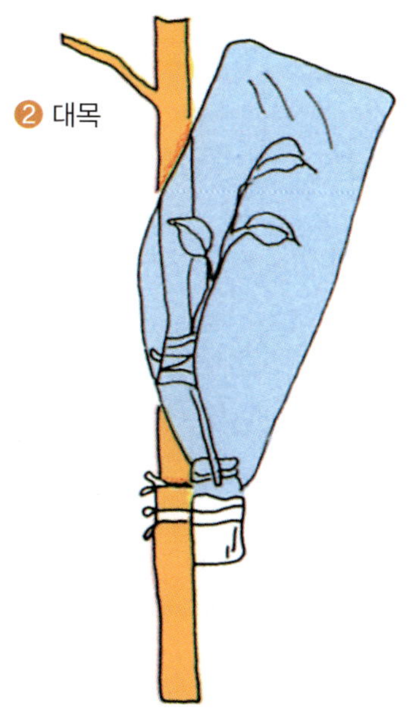

- 물을 넣어 가끔 바꿔준다. 이 경우 메너디루 20배액을 사용하면 수목이 약해지지 않는다.

- 지난 해에 나온 가지를 접수로 한다. 활착하여 가지치기를 한 모양

① 동백나무의 배접

② 잘라낸 모양

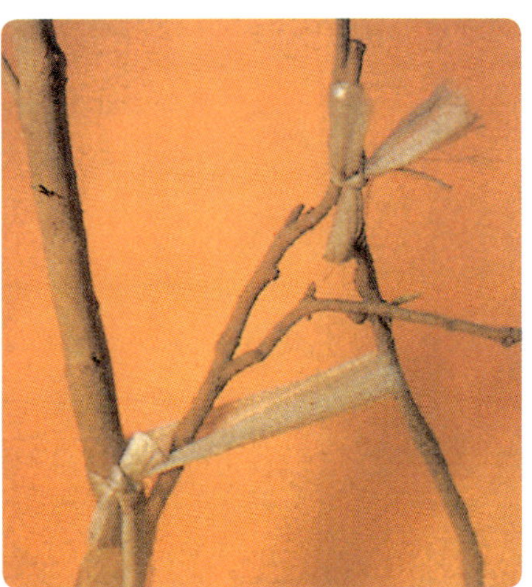

① 산동백나무 대목에 겹피기
동백나무를 접붙이기

② 접붙인 모양

▲ 동백나무

수목은 충실한 작년 가지를 골라, 1월에 채집한 흙 속에 묻어 두든가 신문지에 싸고 비닐로 싸, 냉장고(섭씨 5~10도)에 넣어 두었다가 접붙이를 할 때 꺼낸다.

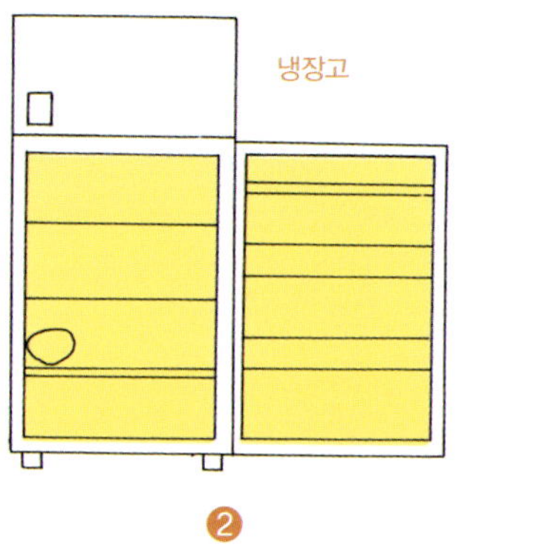

• 깎아내린 깊이는 접수를 깎은 부분보다 약간 얕게 해준다. 힘을 가해 삽입하여 파고 들어가게 하기 위해서이다.

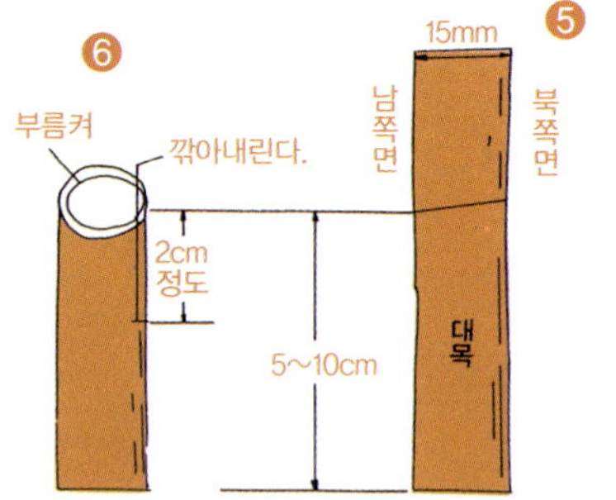

❸ 접수 만드는 법(❸ ~ ❹)

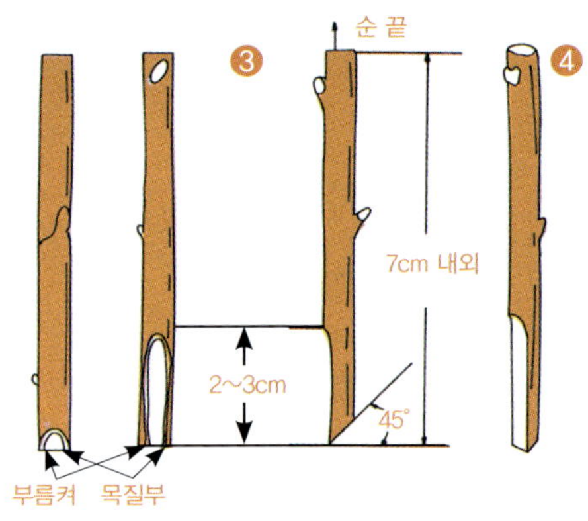

• 접수는 7cm 정도로 절단하여 두 개의 눈이 붙어있는 것을 사용한다. 그림 ❸과 같이 아래 부위를 목질부가 조금 붙어있도록 예리한 칼로 수직으로 똑바로 깎는다.

• 반대쪽도 그림 ❸과 같이 깎아 둔다.

• 깎아낸 부분이 건조하지 않도록, 또는 습해지지 않게 침(타액)을 발라 준다.

• 접칼은 양면 날인 것이 깎기 쉽다.

• 깎을 때는 신중하게 하지 않으면 베낸 자리가 매끈하지 않다. 숨을 죽이고 작업하는 것도 하나의 방법이다.

■ **대목 만드는 방법(접수 만들기 후에)과 접붙이기를 하는 방법**

그림 ❺~❽과 같다.

- 대목은 지상 5~10cm 정도에서 절단한다.
- 지름 15mm 정도 이내라면 가위로 절단한다.
- 그림 ❻과 같이 목질부가 조금 붙을 정도로 납작하게 깎아 내리는 동시에 입에 물고 있던 접수를 제빨리 삽입한다. 밀차시키는 것이 포인트이다.

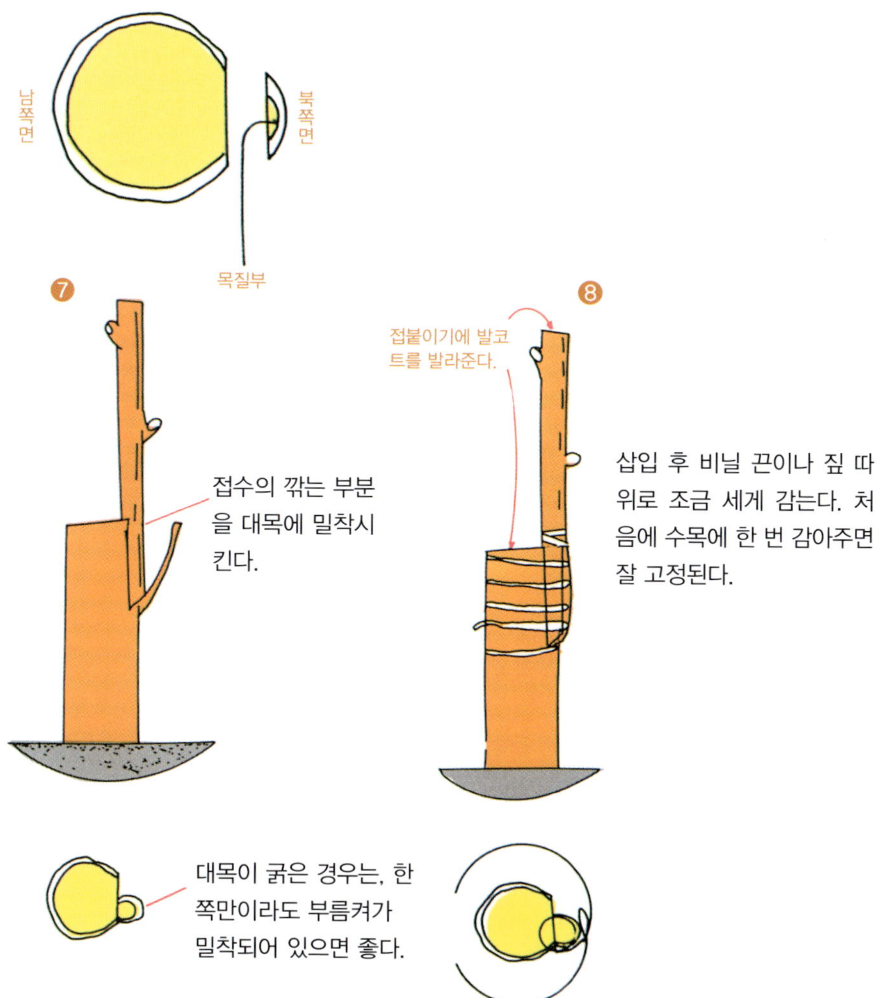

- 접수는 움직이지 않도록 한다.
- 접붙인 부분이 마르지 않도록 다음 그림과 같은 방법을 사용한다.
- 접붙이기 직후 직사일광에 쪼이지 않게 한다.
- 접수의 눈이 어느 정도 자라면 비닐 등을 제거한다. (뻗기 시작하여 약 1개월 반)
- 대목에서 나오는 눈은 따내는 등의 작업을 한다.

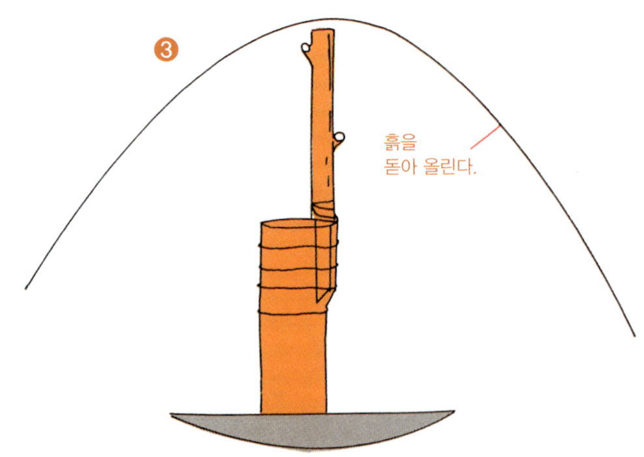

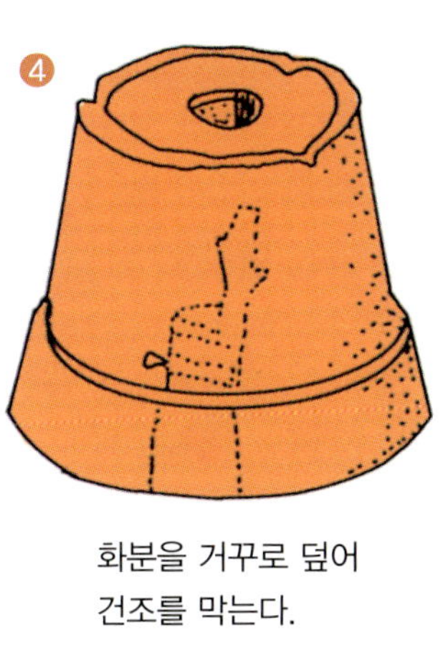

화분을 거꾸로 덮어
건조를 막는다.

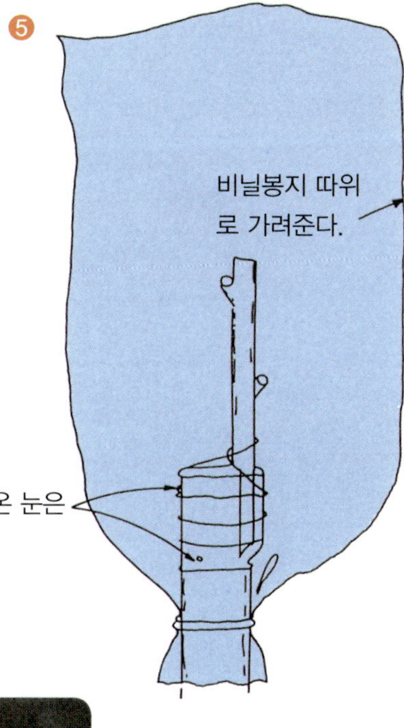

▲ 산단풍나무의 대목에 노무라 단풍나무를 접붙여 2
년이 된 상태

❶ 대목은 산단풍으로 쌍줄기가 된 것

❷ 줄기 하나만 이용, 다른 하나는 잘라버린다.

❸ 접수는 노무라 단풍나무

❹ 꼭 감아주고 비닐 봉지를 덮어준다.

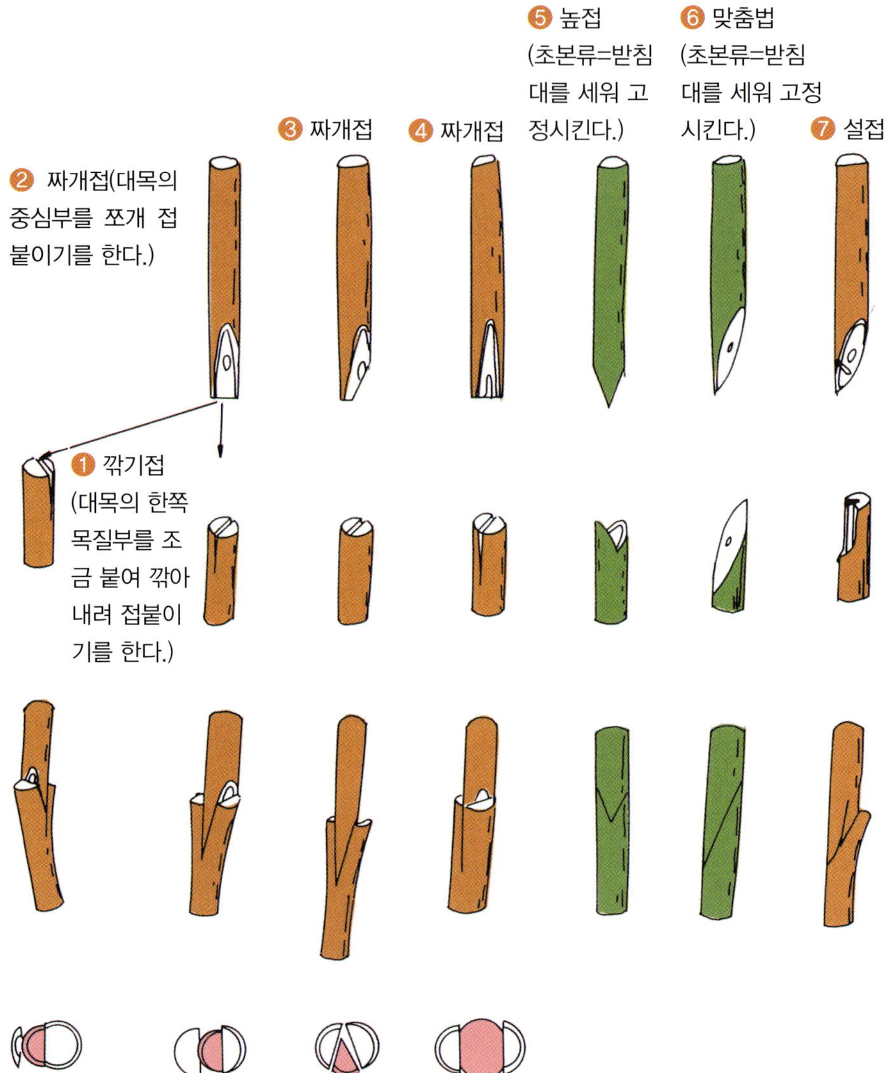
⑤ 높접
(초본류=받침
대를 세워 고
정시킨다.)
⑥ 맞춤법
(초본류=받침
대를 세워 고정
시킨다.)
③ 짜개접
④ 짜개접
⑦ 설접
② 짜개접(대목의
중심부를 쪼개 접
붙이기를 한다.)
① 깎기접
(대목의 한쪽
목질부를 조
금 붙여 깎아
내려 접붙이
기를 한다.)

단풍나무의 녹접
비닐
장미 깎기접

포도나무의 뿌리접

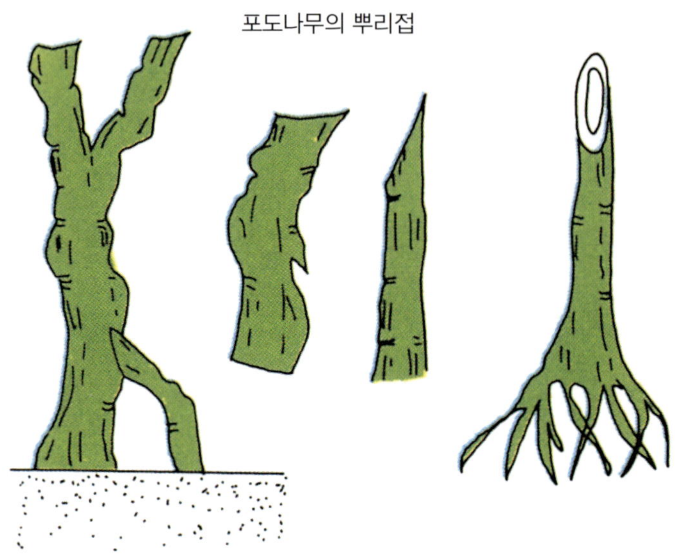

밤나무의 깎기접

■ 접붙이기의 종류

종류	접순	대목	작업의 포인트
깎기접 짜개접	휴면의 가지를 사용한다. 2개 이상의 눈이 있는 수목으로 길이 5~10cm	3년 생 이상의 것. 지상 높이 10~15cm	햇볕이 들지 않는 쪽을 목질부가 붙을 정도로 칼자국을 넣어 세로로 2~3cm 깎는다. 바로 접수를 삽입. 대목의 중앙부를 세로로 2~3cm 짜개고 2면에서 깎아낸 수목을 삽입. 대목의 중앙부에 칼자국을 넣고, 손으로 짜개는 방법도 있다.
늪접 맞춤접	접붙일 가지(줄기)의 지름이 대목과 같은 정도의 것. 줄기 끝을 사용한다.	접수와 지름이 같은 정도의 것	접합 부분이 움직이기 쉬우므로 받침대를 댄다. 초본류에 사용된다.
설접	휴면 중의 가지를 (푸른 가지를) 사용		다른 방법에 비해 작업할 시간을 요한다.
눈접	목질부가 붙을 정도로 눈을 깎아낸다.	3년생 이상의 것. 고저는 자유. 접수의 삽입 부분은 T자형 벌림 모양	대목, 접수 다함께 목질부, 부름켜가 각기 밀착시키는 것이 포인트. 수종에 따라 겉껍질이 간단히 벗겨지는 것이 있으므로 접수(눈쪽)의 겉껍질과 부름켜가 떨어지지 않도록 주의한다.
배접 (모아접)	뿌리는 달린 채 또는 기부를 물에 담가둔다.	소나무, 배나무 등 거친 겉껍질은 긁어버린다.	대목, 수목을 가까이 모아 붙이는 부분을 2~3cm의 길이로 깎아, 부름켜를 밀착시킨다. 활착하면 수목 쪽을 잘라낸다. 채소류에도 쓰여진다.
뿌리접	수의 길이 5~10cm	지상 부위는 잘라냄	뿌리에 붙일 뿐이고 깎기접과 거의 같음.
파옮김접		뿌리가 달린 채 파내어 다른 장소에 옮긴다.	환경이나 조건이 적절한 장소에서 접붙이기가 될 수 있다.

❶ 대목으로 쓸 탱자나무 5~10cm 위는 잘라 버린다.

❷ 목질부에 걸쳐서 2cm쯤 잘라 버린다.

❸ 접수의 귤나무를 삽입한다.

❹ 끈으로 꼭 맨다. 대목의 벤 자리에 접붙임용 발코트 등을 발라도 좋다.

❺ 접붙이기 작업이 끝났다.

❻ 수목의 건조방지를 위해 비닐을 덮어둔다.

❶ 종류가 다른 등나무를 어느 한 쪽 대목에 접붙이기를 한다. 대목의 뿌리는 어느 정도 잘라
버린다.

❷ 끈으로 꼭 맨다.

▲ 등꽃의 개화: 부푼 봉오리

❸ 끝쪽의 눈을 남기고 나머지는 전부 흙으로 덮는다.

❹ 부패, 건조 방지를 위해 화분을 거꾸로 엎어둔다.

▲ 등꽃의 개화: 부푼 봉오리

실생(實生, Seedling)은 꺾꽂이, 접붙이기, 휘묻이, 포기나누기(無性繁殖法, 영양체 생식법) 등의 방법이 아닌 종자를 파종하여 직접 기른 묘목을 생육하고 있는 수목이나 초화류를 말한다.

수목의 경우는 파종상에 씨를 뿌려 1년이 경과한 후 봄에 옮겨 심어 3~4년 키운 후 이것을 다시 이식한다.

과수나 꽃나무의 경우는 인공수분(人工受粉)으로 개량품종을 만들어내기 위해 또는 대목(臺木: 바탕이 되는 나무)으로 하기 위해 실생을 소중히 키우고 있다.

실생의 이점은 수종 본래의 특징이 나타나며 생육력도 강하고 또 추위나 더위, 병충해 등에도 강한 것이다. 따라서 실생 대목에 접붙이기를 하는 것도 이러한 이유에서이다.

반면 실생의 불리한 점은 개화, 결실이 늦으며 어미나무의 훌륭한 형질이 사라지거나 예상 밖의 열매나 꽃이 되거나 한다.

예컨대 귤의 실생에서 탱자나무가 되거나 단감의 실생에서 떫은감이 되는 등 대목의 형질이 나타나는 수가 많다. 이러한 격세유전(Stavism)이 없고 어미나무의 우수한 형질을 그대로 이어받는 방법이 꺾꽂이, 접붙이기, 휘묻이, 포기나누기 등에 의한 것이다.

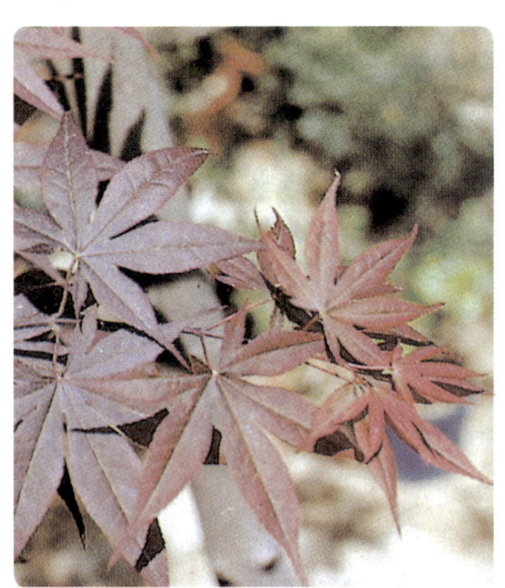

▲ 단풍

수분의 여러 가지 꺾꽂이나 접붙이기를 해도 상상했던 꽃이나 열매가 열리지 않는 수가 있다. 생리적인 면에서 말하면 아무래도 뜻대로 되지 않는 것이 상식이다.

흔히 하는 말에 "꽃이나 열매가 열리는 종류는 2개 이상 심어두지 않으면 꽃이나 좋은 열매를 얻을 수 없다"라고 한다.

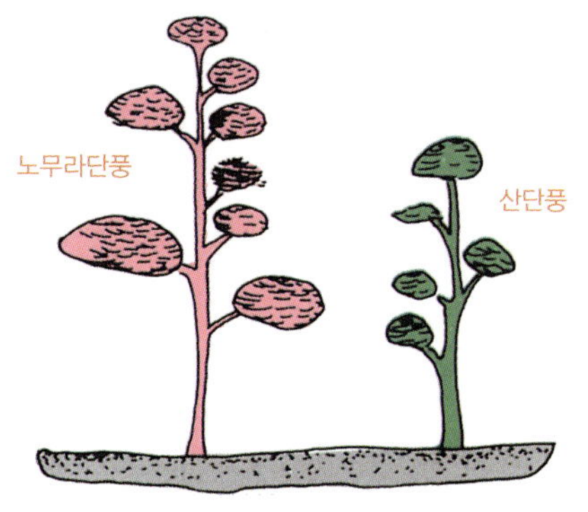

❶

❷

❸ 2월 – 노무라를 번식시키기 위해 접붙이기를 한다.

❹ 접붙임이 활착되었다.

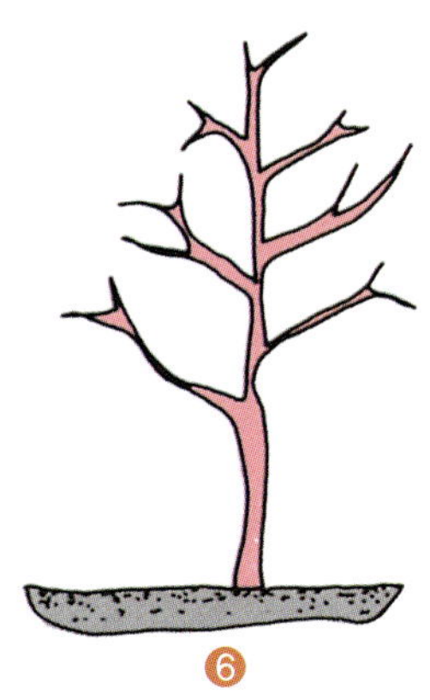

❺ 접붙이기를 위한 묘가 잘 자라 종자가 생기게 된다.

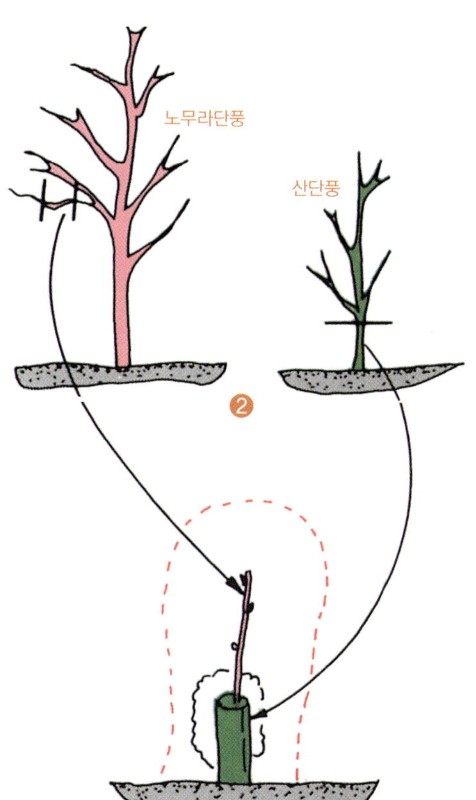

❻

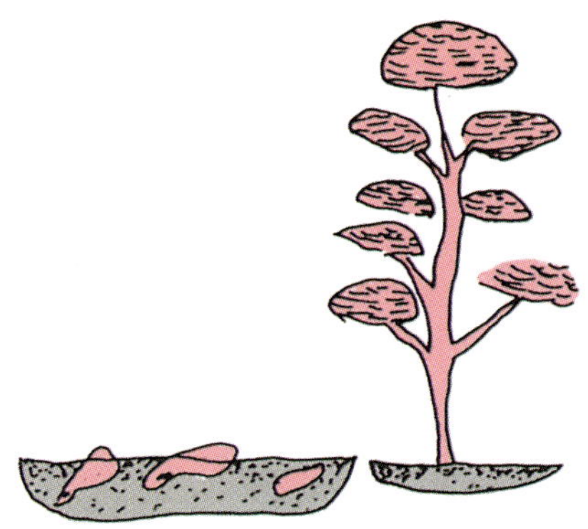

❼ 종자를 심는다. 봄에 다시 빨간 잎이 나온다.

❽ 심은 종자에서는 선조(웃대)의 산단풍(녹색의 잎)이 나온다.

이것은 그럴 만한 이유가 있는 것으로 다음 표와 같이 꽃에는 여러 가지 형태가 있기 때문이다.

분류	내용
단성화 (單性花)	자웅동주(雌雄同株) 같은 나무, 같은 그루의 암꽃, 숫꽃이 떨어져서 달리는 것. 오이, 호박, 소나무 등.
	자웅이주(雌雄異株) 같은 나무, 같은 그루에 암꽃, 숫꽃은 달리지 않고, 숫꽃은 숫나무에 암꽃은 암나무에 달리는 것.
양성화 (兩性花)	숫술과 암술이 꽃 하나에 달리는 것. 사과, 귤, 매실 등

• 매실, 배 등은 자가수분으로는 결실하지 않는다.

● 자웅이주(雌雄異株): 숫나무와 암나무의 양쪽이 가까이에 없으면 종자(열매)도
  열리지 않는다. 식나무, 참여로, 주목, 은행, 나도매화나무, 비자나무, 초피나
  무, 가중나무, 소철, 주걱댕강나무, 노박덩굴, 측백나무, 파파이야, 호프, 감탕
  나무, 후피향나무, 겸양옻나무, 소귀나무, 굴거리, 나한송, 물푸레나무, 녹나
  무과(科), 버들과(科), 삼, 아스파라거스, 시금치, 관음죽, 뽕나무 등이 있다.

PART
03
휘묻이의 방법
실기와 실례

01 휘묻이란

식물의 일부를 어미그루에 달린 채 발근(發根)을 시킨 다음 잘라내어 새로운 독립된 개체를 만드는 번식법의 하나로 취목향(layering)이라고도 한다. 작업이 쉽고 또 확실하여 품종에 따라서는 품종의 특성도 완전히 이어받고 이듬해에 꽃이나 열매를 맺는다. 주요 이점은 다음과 같다.

① 어미나무와 같은 형질의 것을 얻을 수 있다.
② 큰 묘목을 얻을 수 있다.
③ 종자를 채취하지 못하는 경우에도 번식시킬 수 있다.
④ 꺾꽂이가 곤란한 종류를 번식시킬 수 있다.
⑤ 뿌리가 나올 때까지 어미나무에서 잘라내지 않으므로 성공률이 높다.
⑥ 묵은 가지나 상당한 지름의 것도 증식시킬 수 있다.

02 휘묻이의 시기

휘묻이의 시기는 눈이 부풀기 시작하는 3월부터 4월과 장마철인 6~7월경으로, 그 후 3~6개월 후에 어미그루에서 잘라내어 심는다. 이때쯤이면 어느 정도 뿌리가 뻗어 있는 것이 보통이다.
심은 후, 그 해에 조금이라도 뿌리가 자랄 기간이 있으면 좋다. 발근이 늦는 것은 다음 해에 심어야 하나 뿌리의 신장 기간은 2월부터 9월까지로 추운 겨울철에는 뿌리의 움직임이 없다. 그 동안에 시드는 수가 있으므로 이른 봄에 준비하여 그 해에 심기를 끝내는 것이 일반적이다.

휘묻이의 방법은 고취법(高取法)인 환상박피(環狀剝皮)법, 성토법(盛土法), 묻어떼기가 있다. 어미그루나 가지(줄기)를 고르는 법은 다음과 같다.

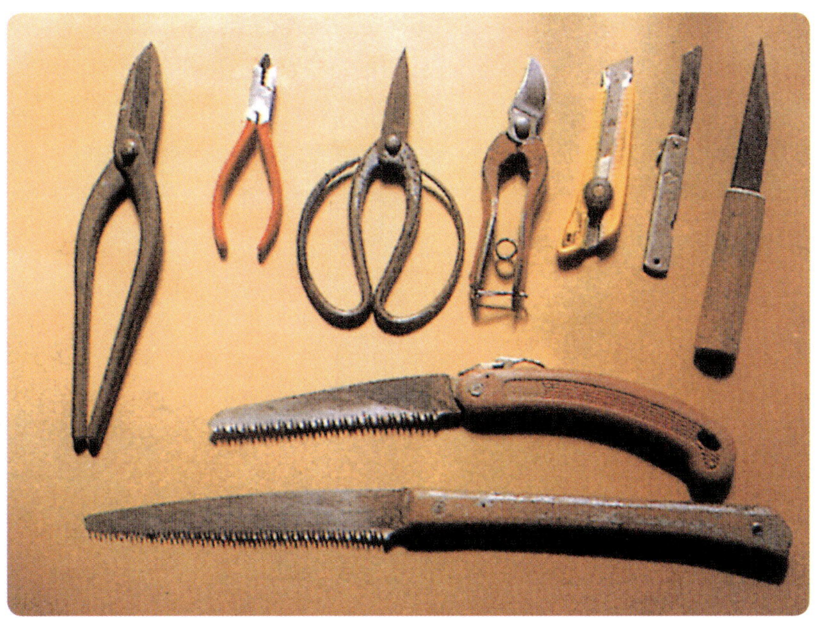

▲ 꺾꽂이, 접붙이기 등에 필요한 용구(날붙이)

- 어미그루는 심은 후 2~3년 이상 순조롭게 생육한 것을 고른다.
- 가지는 세력이 좋은 가지, 늘어진 가지 등을 고른다. 3~6개월 후, 뿌리가 뻗은 상태를 보아 어미그루에서 잘라내어 심도록 한다.
- 물이끼나 질흙 등을 붙인 채 뿌리 주위에 흙이 고루 퍼지도록 막대 따위로 다져 넣는다.
- 성토법이나 묻어떼기에서는 뿌리와 한데 뭉친 흙을 붙인 채 심는다.
- 비료는 활착할 때까지 필요 없다.
- 지상부의 가지 · 잎은 뿌리와의 밸런스를 감안하여 잘라준다.

❶ 목질부에 닿는 정도의 깊이로 칼 자국을 낸다.

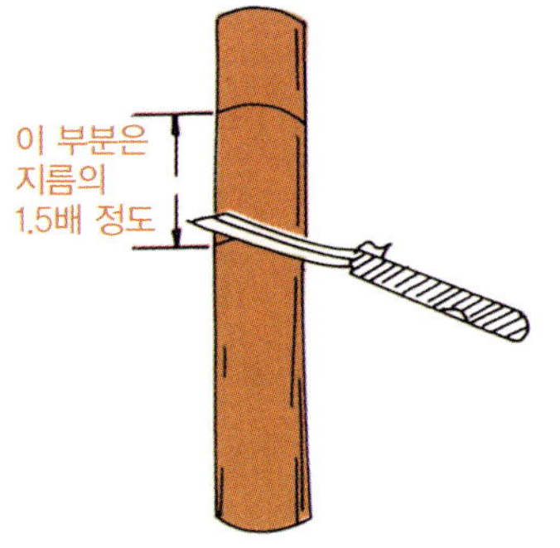

❷

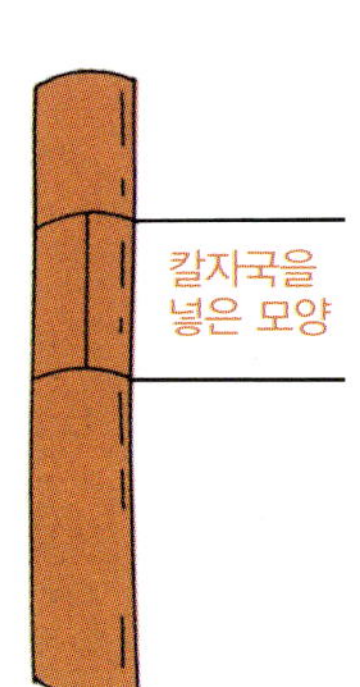

❸

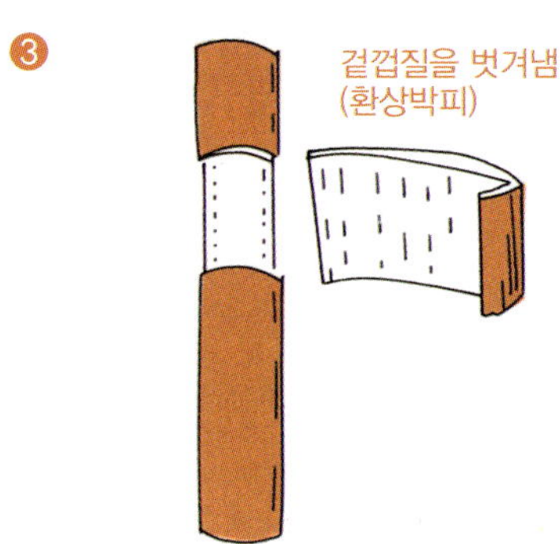

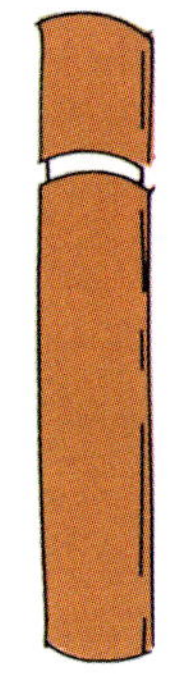

환상박피의 폭이 좁으면 부름켜에 이어져 발근이 잘 되지 않는다.

❹ 부름켜의 내부 목질부를 붙여서 깎아낸다.

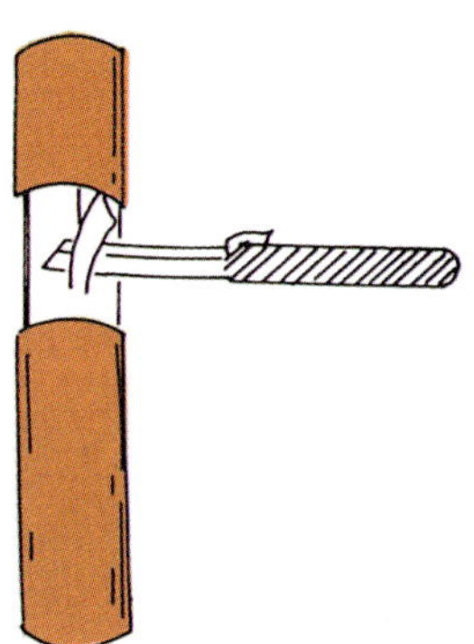

❺ 비닐은 검은 색의 것이 어두워져 발근에 안성맞춤이다.

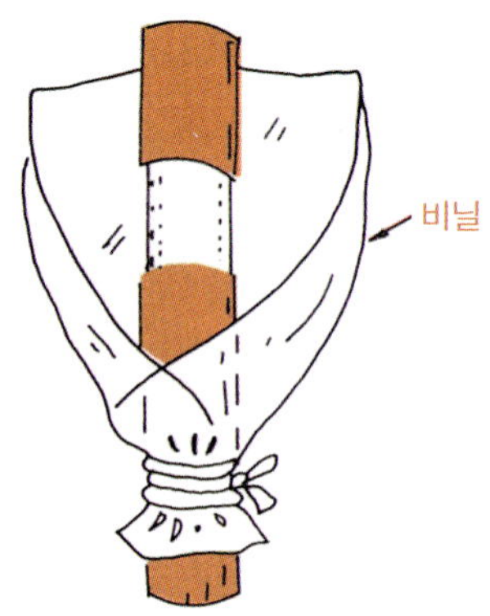

❻ 물에 조금 적신 물이끼로 덮어 싸준다.

❼ 발근을 촉진시키는 준비는 이것으로 끝난다.

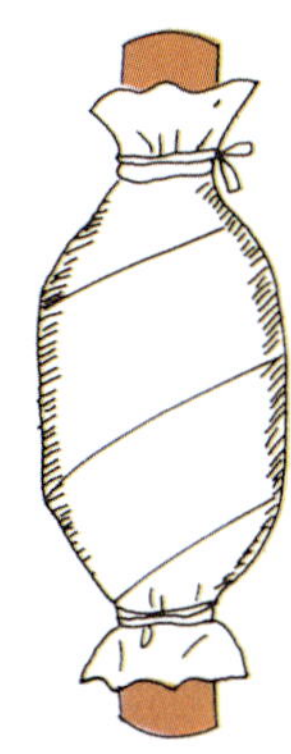

❽ 수 개월 후의 상태

❾ 잘라내어 심는다.

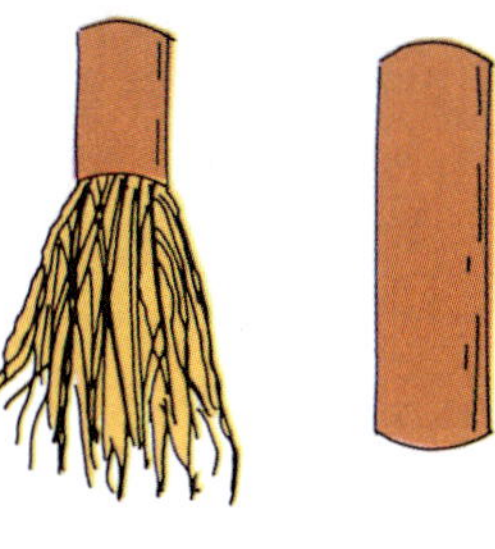

그밖의 방법

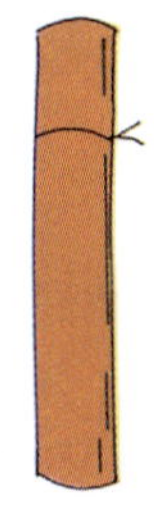

❶ 철사로 감기

15번선보다 굵은 철사로 한 둘레 감고, 나무껍질에 파고 들어갈 정도로 죈다.

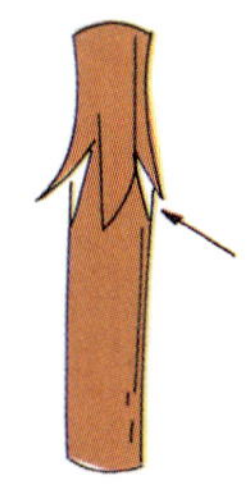

❷ 짜개서 끼우기

짜갠 후 물이끼나 조그마한 돌을 끼운다.

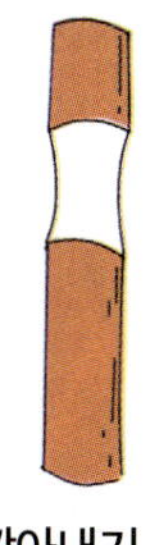

❸ 깎아내기

부름켜 내부의 목질부에 걸쳐 깎아낸다.

❹ 물이끼로 감고 비닐로 싼다.

▲ 목련의 휘묻이 ❶ 환상박피를 하고 물이끼로 덮개를 한다.

▲ 목련의 휘묻이 ❷ 비닐로 싼다.

▲ **덴드로비움의 휘묻이**: 어미나무의 그루를 포함하여 잘라낸 고아의 생육 상태. 뿌리는 짧게 잘랐다.

▲ 고무나무의 휘묻이

▲ 곰솔 줄기 일부에 철사를 감아붙여 양분의 하강이 이 위치에서 감소되어 위 부위가 굵어진 모양

▲ **종가시나무 줄기의 일부분**: 철사를 감아붙여 부름켜가 절단되어 캘러스(callus)가 생겨 철사를 제거하면 상·하 부위의 유합이 진행하기 시작한다.

❶ **환상박피**: 나무껍질을 벗긴 것

❷ 물이끼로 씌운다.

❸ 비닐로 싼다.

❹ 3월에 휘묻이 준비를 한 것

❺ 2개월 후에 뿌리가 뻗은 상태, 이후 1개월이면 잘라내어 심을 수 있다.

■ 칼날의 종류와 벤 자리(절단면)

종류별 칼 끝	상태	절단면
① 베어내기	왼손의 경우	①②③ 모두 전면이 매끈하게 깎긴다.
② 나이프		
③ 절단 나이프 면도날		
④ 전정가위		예각의 날이 주로 절단한다.
⑤ 나무손잡이 가위		중심 부분에 삼각형의 단차가 생긴다.
⑥ 닛파		凹凸이 되고 또 타원형이 된다.
⑦ 철사를 자르는 가위		눌러 떼낸 상태가 된다.

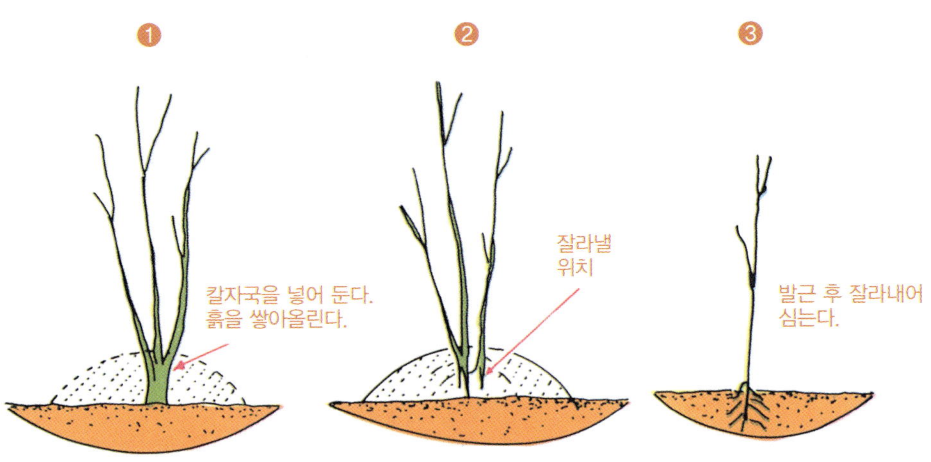
1
2
3
잘라낼
위치
칼자국을 넣어 둔다.
흙을 쌓아올린다.
발근 후 잘라내어
심는다.

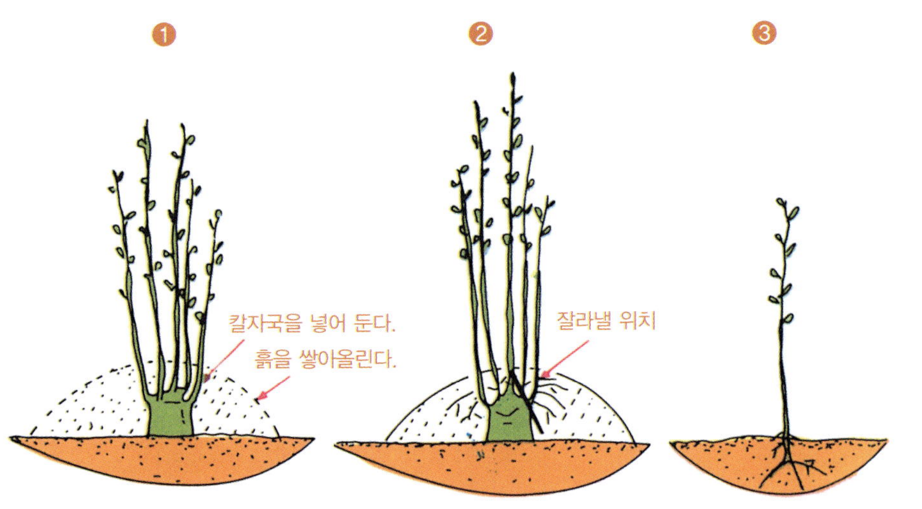
1
2
3
칼자국을 넣어 둔다.
흙을 쌓아올린다.
잘라낼 위치

04 휘묻이의 생리

우선 수목의 생육 상태를 보도록 하자. 수목은 잔뿌리에서 양수분을 흡수하여 부름켜(形成層)의 안쪽에 있는 목질부(木質部)의 도관(導管: 뿌리에서 빨아들인 수분이나 양분을 위로 보내는 관)으로 올라가 줄기나 가지, 잎으로 운반되어 간다. 잎면은 햇볕의 에너지를 이용하여 이산화탄소와 물에 의해 영양분을 만들며 잎, 가지, 줄기, 뿌리로 부름켜를 하강하면서 배분해주어 생육되어 가는 것이다.

가지의 일부분을 목질부에 닿도록 벗겨내는 환상박피와 이곳을 통해 내려가는 영양분이 여기서 멈추어 축적된다. 이렇게 깎은 자리에 세포의 덩어리와 같은 캘러스가 생겨 발아하기 시작한다. 이 부분을 어둡게 하여 건조되지 않도록 물이끼나 질흙 등으로 뭉쳐두면 뿌리가 뻗게 된다.

수목의 종류에 따라서는 부름켜의 일부분이라도 연결되어 있으면 영양분이 이곳을 빠져나가 발근이 곤란하게 된다.

이 밖에 철사를 줄기에 파고들어 갈 정도로 꼭 감아두어도 그 윗부위의 줄기는 굵어지고 부름켜는 서서히 절단되어 캘러스가 생긴다. 그런데 2~3년간 그러한 상태로 놓아두면 캘러스가 철사를 넘어가 절단된 위·아래 부분이 접착되는 수도 있다.

환상박피의 경우 박피의 폭이 좁으면 효과가 없다.

❶ 아래로 쳐진 가지를 고른다.

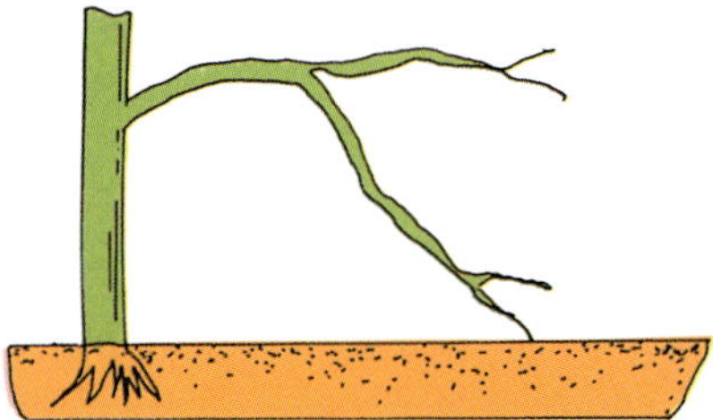

❷ 땅 속에 묻어 지상으로 나오지 않도록 말뚝 따위로 고정시킨다.

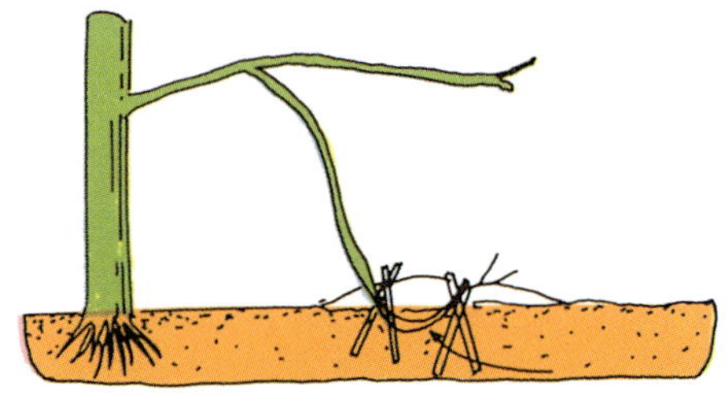

❸ ❷의 부분 확대도이다.

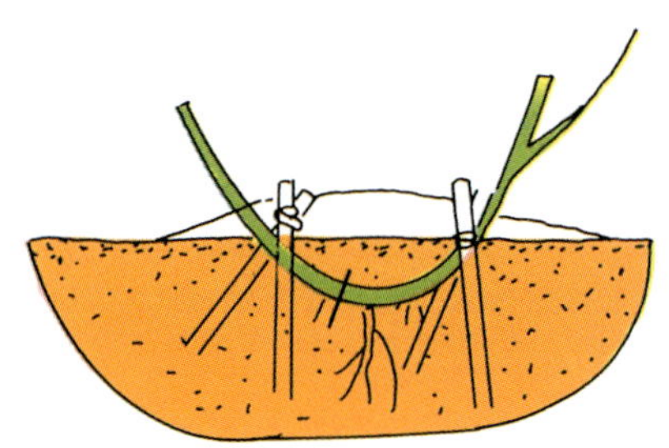

❹ 발근 후 잘라내어 심는다.

PART
04
포기나누기의 방법
실기와 실례

01 포기나누기란

포기나누기(meristele)에는 뿌리가 발달한 완전한 식물체를 분리시키는 경우와 세근(細根)이 없는 지하경(subterranean stem)을 분리하는 경우가 있다. 다음과 같이 목련, 석류, 떡갈나무, 석류나무 등의 포기나누는 방법에 대해 알아보겠다.

02 포기나누기의 실기와 실례

● 목련, 석류나무의 포기나누기

옮겨 심을 때는 가지 잎의 일부를 짧게 잘라둔다.

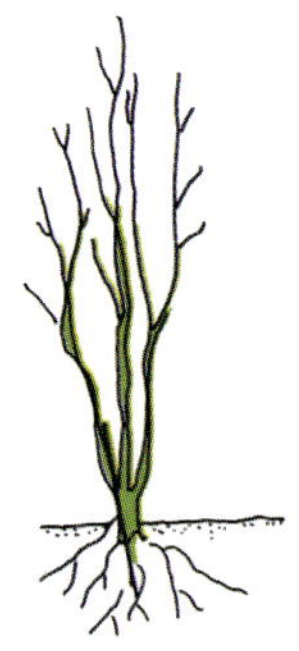 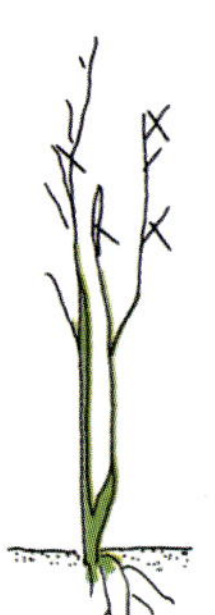 

● 떡갈나무의 포기나누기

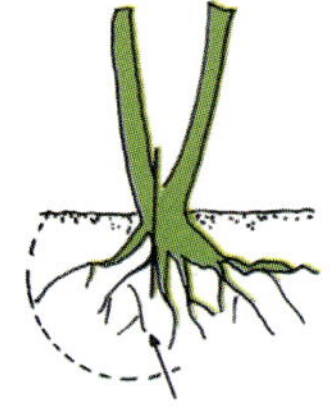 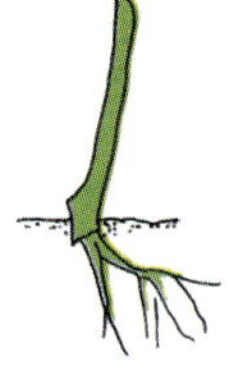 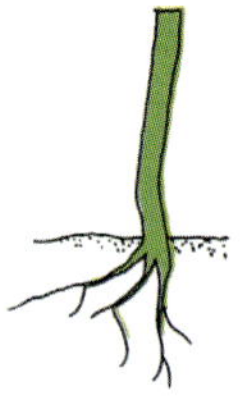

❶ 뿌리와 일체가 되어 있는 흙은 떨어지지 않도록 한다.

❷ 흙이 뿌리에서 떨어진 경우에는 활착률이 극히 낮아지므로 옮겨 심지 않는 편이 좋다.

❸ 뿌리의 끝은 다듬어 둔다.

① 포기나누기 할 나무 주위를 파내고 뿌리의 상태를 살핀다.

② 뿌리의 끝을 가위로 자른다.

❸ 굵은 뿌리는 톱으로 자른다.

❹ 뿌리의 흙이 떨어지지 않도록 어미그루에서 떼낸다.

❺ 포기나누기 작업이 완료되었다.

 **피부염**

식물의 수액(樹液)에 접촉하면 옻을 타는 수가 있다. 옻나무, 겸양옻나무, 무화과 등이 알려져 있다. 이것에는 면역이 없으므로 조심해야 한다.

2~3개로 갈라져 나온 포기를 하나의 단위로 나눈다.

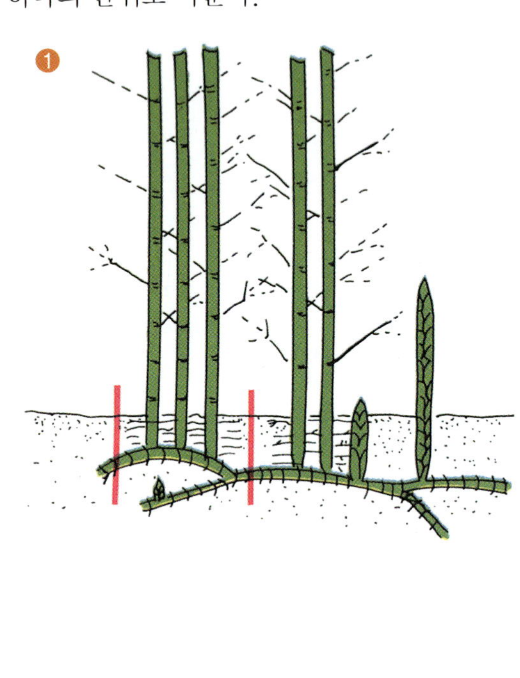

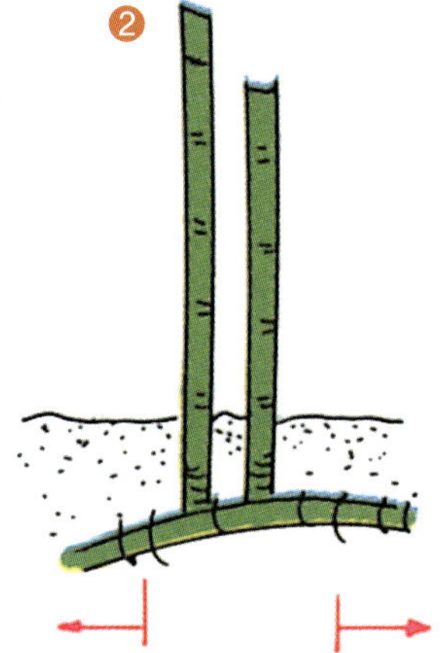

줄기에서 2개 이상의 눈을 떼
어 포기나누기를 한다.

잎자루(가지)를 5개 이상 붙인다.

① 뿌리 부위는 굵은 뿌리가 3개 이상 있으면 활착이 잘 된다.

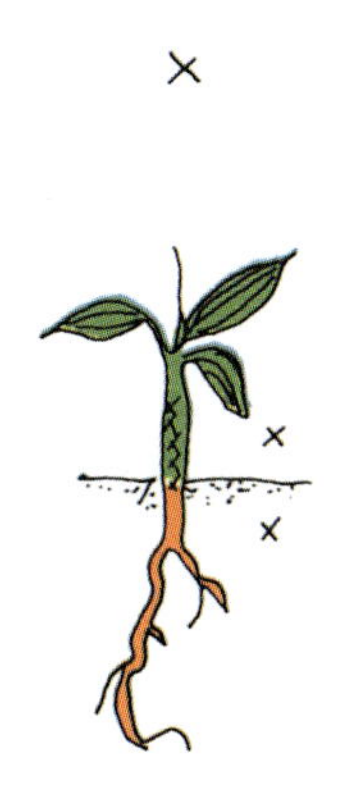

② 는 잎자루도 적으며, 뿌리도 적어 새눈이 나오기 어렵다.

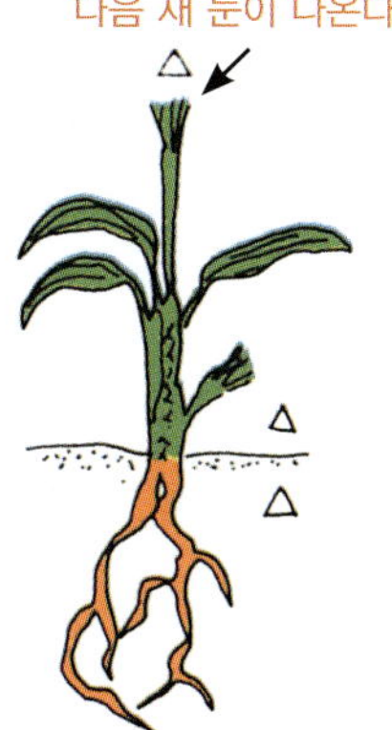

③ ②보다는 좋으나 완전한 상태라고는 말할 수 없다. 뿌리를 확인하고 포기나누기를 한다. 거무스름한 뿌리는 잘라 버린다.

④ 뿌리도 잎자루도 이 상태라면 좋은 결과를 가져온다. 새눈도 새 끼그루도 잘 나온다.

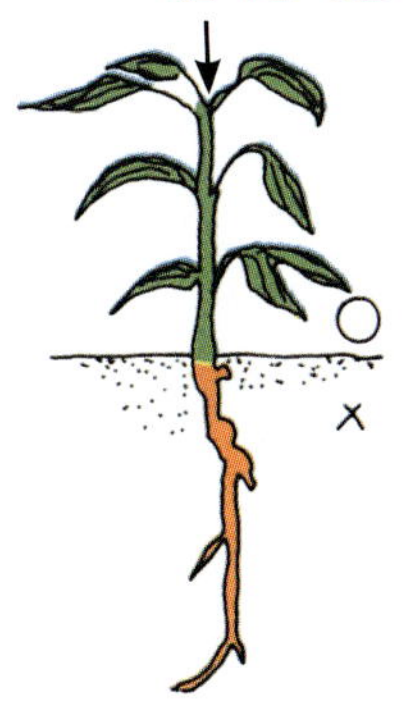

⑤ 뿌리가 너무 작기 때문에 활착하기 어렵다.

❶ 관음죽을 분에서 빼낼 때, 잎을 상하지 않도록 대 위에서 다룬다.

❷ 뿌리를 물에 담가 흙을 떨구고 뿌리를 확인한다.

❸ 포기나누기를 한 모양이다.

❹ 새끼그루의 굵은 뿌리가 3개 이상 있으면 활착이 잘 된다. 뿌리의 끝을 조금 자른다.

⑤ 포기를 고정시키고 주위에 흙을 넣는다.

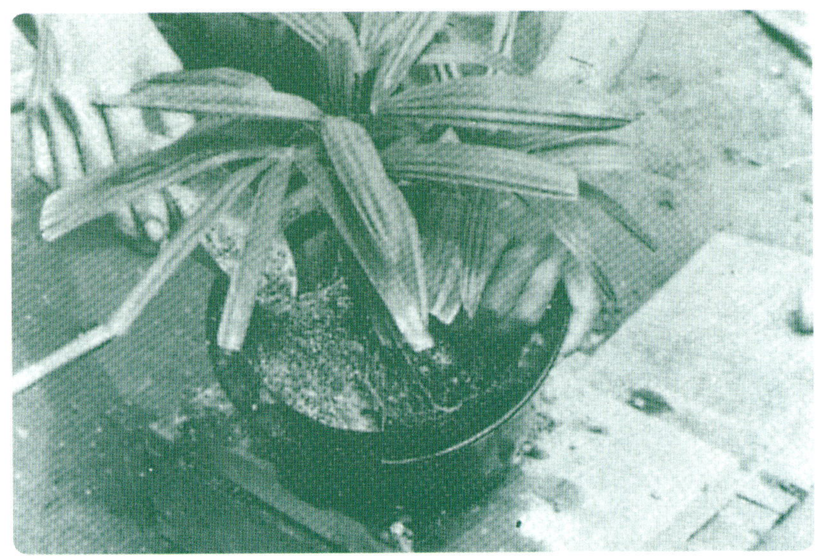

⑥ 주위를 막대로 다지면서 뿌리와 뿌리 사이에 흙을 넣어 간다.

❼ 받침접시를 이중으로 하고 안쪽에 모래를 넣어 둔다. 모래의 표면적이 많아 수분을 흡수하면 주위의 습도가 높아진다.

❽ 받침접시의 모래 위에 화분을 놓는다.

▲ 관음죽의 포기나누기는 물이끼 등을 얹어 수분의 증발을 막는다.

▲ 소판금(小判錦)

▲ 남산금(南山錦)

  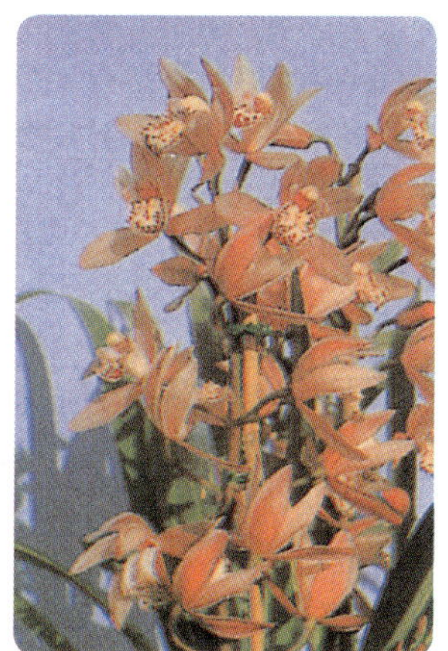

① 3촉 이상을 붙여 포기나누기를 한다.

② 어미그루에도 3촉 이상을 남겨둔다.

 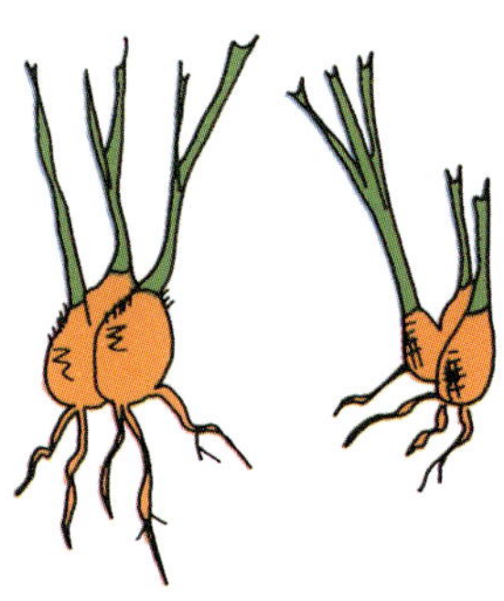

③과 같이 싹 하나로 한 포기나누기는 생육이 더
디다.

❶ 심는 구멍이 너무 좁으면 물 빠짐이 나빠 공기가 잘 들어가지 않는다.

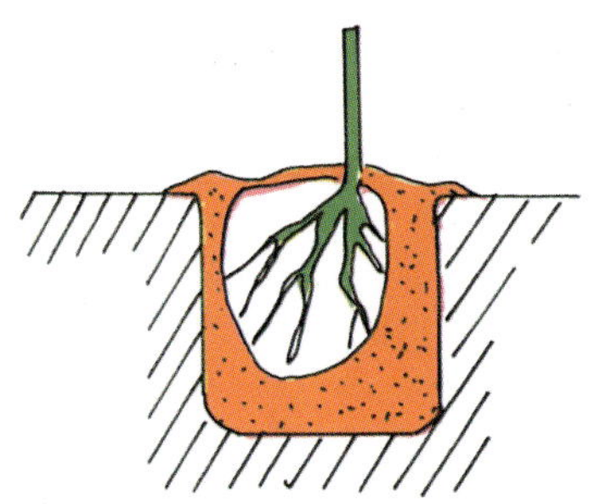

❷ 포기나누기나 휘묻이 외에, 묘목이나 성목(成木)의 옮겨심기에도 거름주기는 필요 없다.
뿌리가 직접 비료에 닿으면 비료의 화학적 작용이나 물리적 작용으로 손상된다.

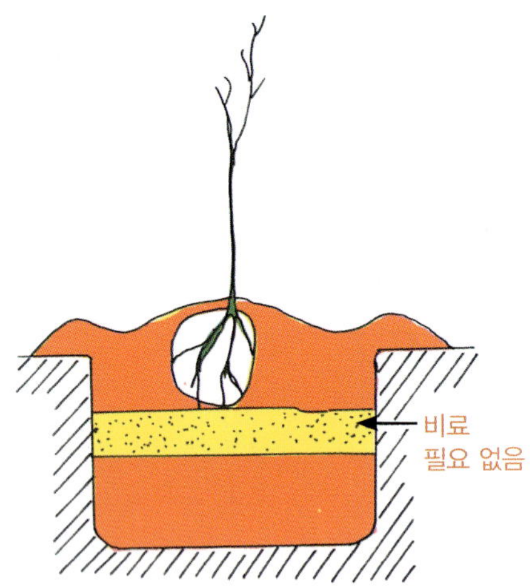

❸ 뿌리 부분의 주위를 잘 다져 놓지 않으면 정상적인 생육이 안 된다. 또 빗물이 스며들어 나무가 기울어진다.

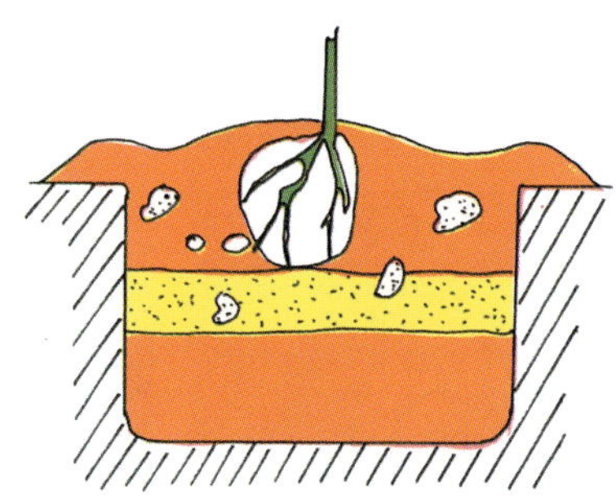

❹ 화분 가운데에 물주기를 하면 뿌리가 씻겨져 뿌리와 밀착한 흙이 떨어져 생육이 안 된다.

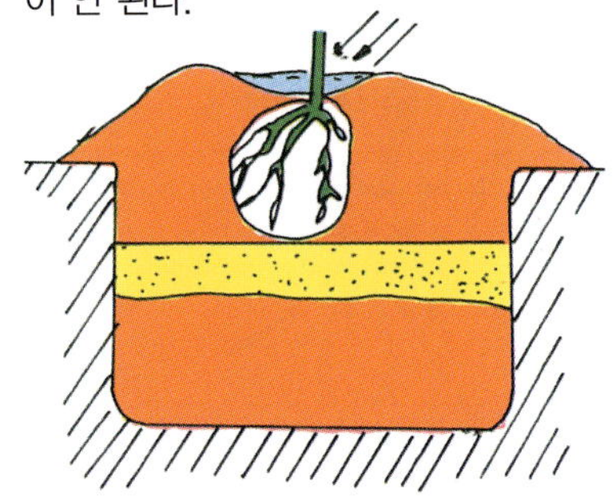

❺ 깊이 심는 것은 공기가 잘 들어가지 않아 생육상 좋지 않다.

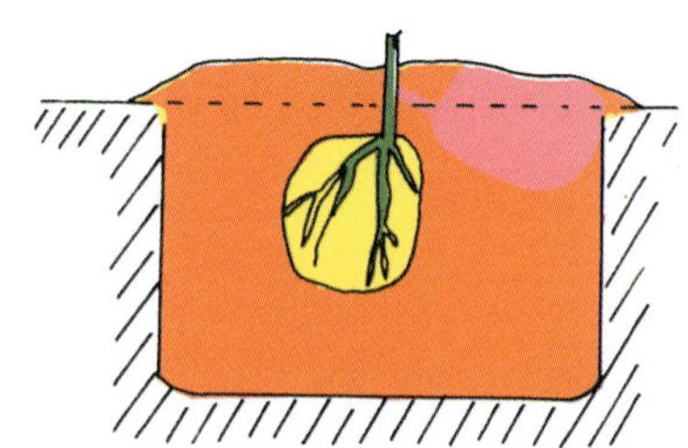

▲ 오른쪽 영산홍의 포기나누기를 한 벤 자리에는 좌우에서 껍질이 감겨져 결과는 양호하다.

▲ 수선화의 포기나누기는 구근을 나눈다. 뿌리가 잘려지지 않도록 한다.

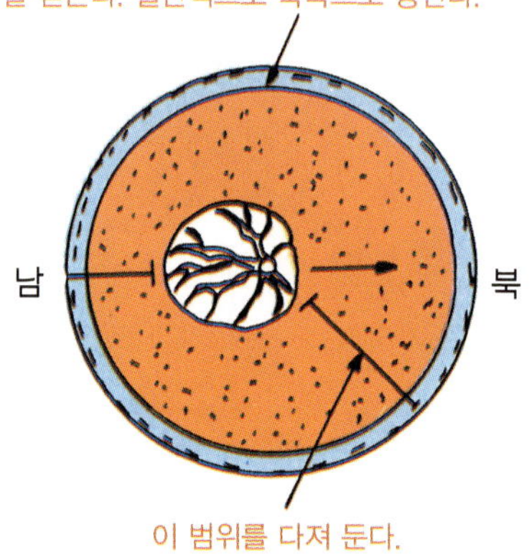

1 ㉠ 심을 용토에 피아트모스 따위를 섞으면(2~3할) 발근을 촉진한다.

㉡ 뿌리에 닿는 부분에는 비료가 불필요하다.

㉢ 부엽토나 퇴비를 섞어 두면 활착 후의 생육이 빠르다.

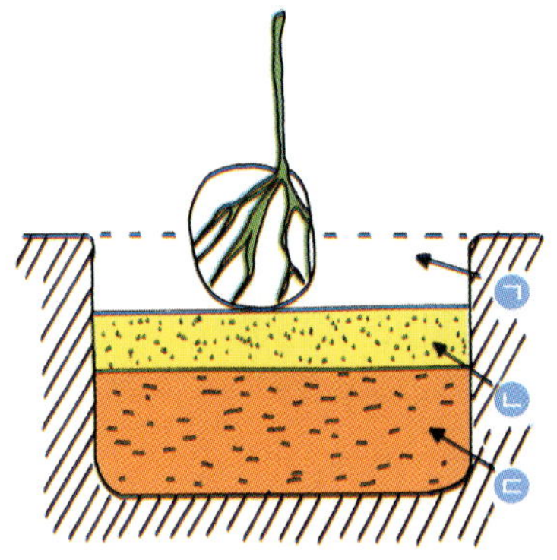

2 위치가 결정되면 수목이 넘어지지 않게 이 부분에 우선 흙으로 돋운다.

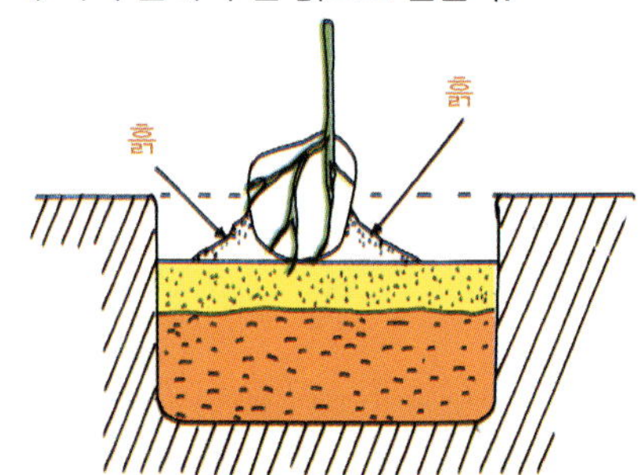

3 주위에 흙을 넣는다. 화살표 안쪽 부분의 흙을, 막대나 메로 다져 굳힌다.

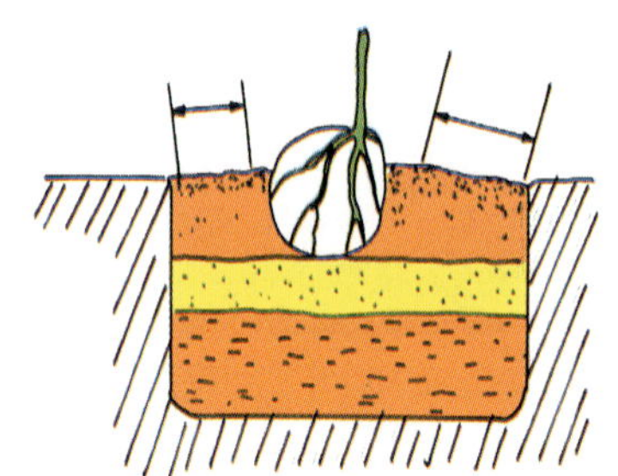

❹ 바깥쪽에서 안쪽을 향해 다져 넣는다.

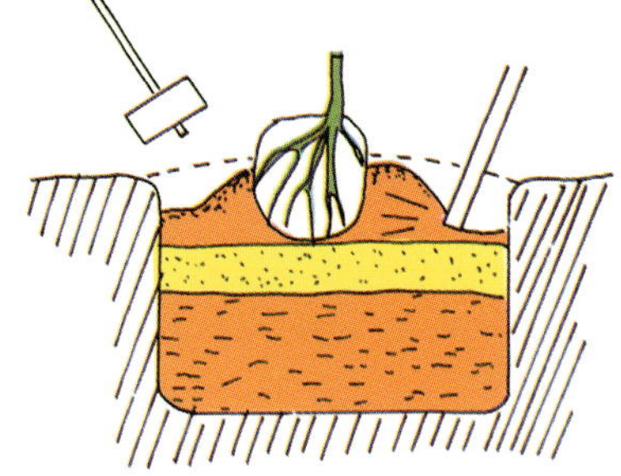

❺ 다진 후, 흙을 넣고 또 다진다.

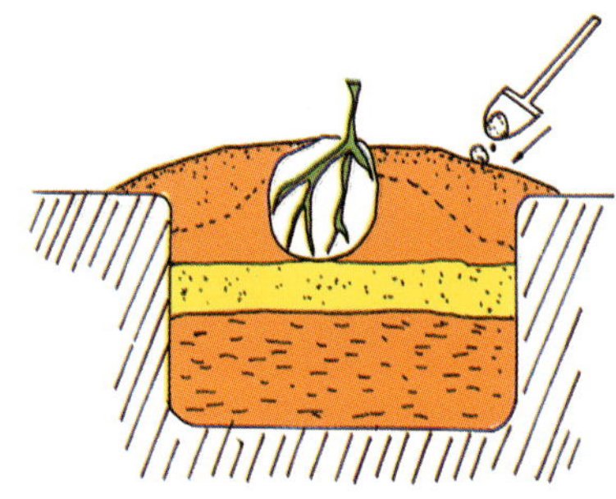

❻ 화살표의 범위를 밟아 다진다.

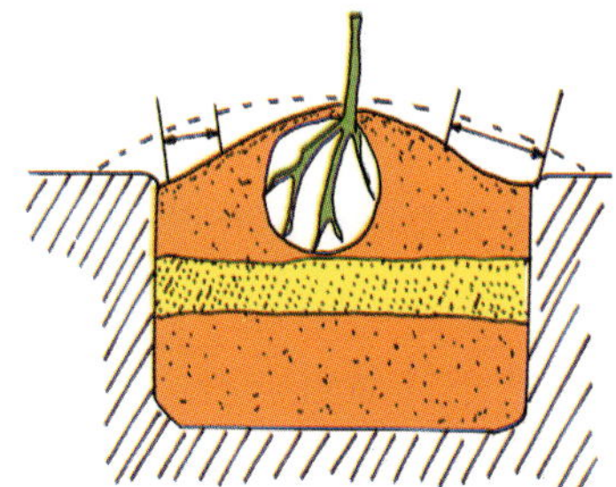

❼ 이 부분에 물을 흠뻑 준다.

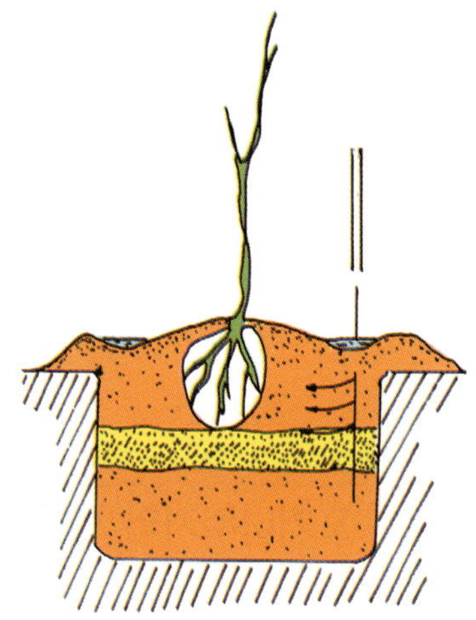

물이 고이면(위 그림의 화살표) 가는 막대로 구멍을 뚫어 다시 물을 부어 흡수시킨다. 충분히 이렇게 짬이 없도록 한다.

❽ 바람에 넘어질 염려가 있으면 받침대(점선과 같이)나 부목을 댄다.
발근하면(눈이 돌기 시작) 받침대는 제거한다.

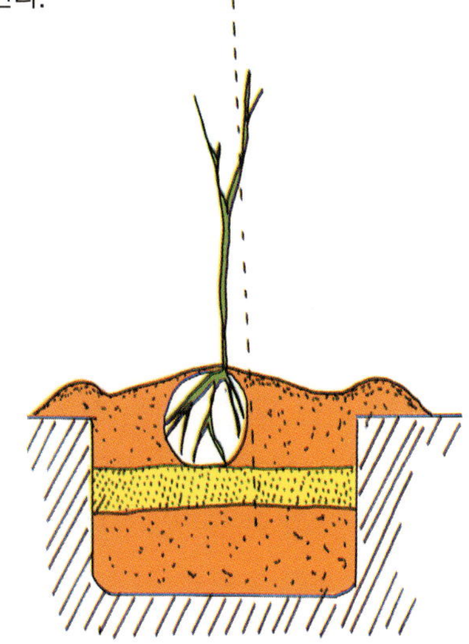

03 포기나누기의 이점

포기나누기의 이점을 들면 다음과 같다.

- 부정아(不定芽)가 나오는 수목은 바로 묘목을 얻을 수 있다.
- 지하경으로 퍼지는 것이나 한 포기에서 갈라져 나오는 수목에서는 여러 개로 나눌 수도 있다.
- 구근류에서는 한 번에 많은 분구(分球)가 된다.

04 포기나누기의 시기

수목의 포기나누기 시기는 보통 수목의 이식 적기가 무난하다.

- 침엽수면 2~3월
- 상록수는 3~4월과 5월
- 낙엽수는 10~12월과 2~3월
- 숙근초나 구근류는 개화 후 또는 봄, 가을
- 관엽수나 난 등은 5월경

온실과 같은 가온설비가 있으면 10월경에도 할 수 있다.

05 포기나누기의 생리

저목(低木)류는 그대로 무성하게 방치하면 포기가 불어나 통풍이나 햇볕이 들지 않아 뿌리만 무성히 퍼지기 때문에 양분의 흡수도 제대로 되지 않아 생육이 저해된다. 숙근, 구근, 초화에 있어서도 마찬가지로 생육이 크게 저해된다. 이 때문에 포기나누기를 필요로 하는 경우도 있다. 다음 특수한 예를 들어 보자.

흔히 포기나무는 뿌리가 달려 있으므로 활착이 잘 되는 것이라 생각하기 쉽다. 관음죽이나 난의 한무리인 심비디움이나 덴드로비움 등을 재배하고 있으면 어느새 그루가 번식하여 화분 가득히 퍼져 포기나누기를 하고 싶어진다. 만약 한 그루씩 정성껏 포기나누기를 했다고 하면 빠른 시일 내에 몇 개의 그루를 얻게 된다.

그 후의 생육은 어떻게 될 것인가. 각각의 식물체에 있어서는 이러한 포기나누기
가 환경의 변화가 큰 것으로 단체생활에서 갑자기 모든 포기가 별거생활을 한다.
즉 뿌리 부위와 지상 부위의 균형이 흐트러져 버린 것이다. 이런 불균형 상태가
환경에 익숙해져 균형을 되찾으려면 상당한 시간을 요한다. 그 중 몇 포기는 포기
나누기를 한 후에 생육이 정지되는 것도 있을 것이다.

이와 같이 갑작스러운 환경의 변화는 식물에 있어서도 좋지 않은 면이 크게 나타
난다. 특수한 경우의 포기나누기는 어미그루의 몇 그루는 반드시 남겨 두고, 새
끼 그루도 두 서너개를 한 그룹으로 하거나 한 그루일 때는 독립해서 자랄 만한
뿌리를 달고 있는가를 판별한 후 포기나누기를 하도록 한다. 숙근초 등은 보통 세
그루 정도를 하나의 단위로 하여 나눈다. 조금이라도 변화를 적게 하는 것이 포
기나누기의 포인트이다.

■ 붓꽃 종류의 포기나누기와 심기

붓꽃의 한무리	꽃빛깔	개화기	포기나누기 심기	관리
붓꽃 흰붓꽃 각시붓꽃 독일붓꽃 오란다붓꼴 애기붓꼴	보라 백 보라 백 청·백 연보라	4월 하순~6월 1월 하순~2월	10월 분구(分球) 3월에 심는다.	햇볕이 잘 들고, 배수가 좋은 흙. 피이트모스 등을 혼합한 흙도 좋다. 분에 심은 것은 매년 옮겨심기를 한다.
꽃창포 동경계 　3 꽃잎피기 　6 꽃잎피기 구마모도계 　6 꽃잎피기 　가 많음 이세계 　3 꽃잎피기	백 연분홍 보라 등	5월 하순~6월 10월까지 계속 피는 것도 있다.	11월 잎이 시든 후에 분구. 꽃이 진 후에도 할 수 있다.	햇볕이 잘 들고 5~9월의 생육기는 물이 끊기지 않도록 한다. 습지, 건조지 어느 곳에서도 재배할 수 있다. 배양토는 찰흙질에 피이트모스 등을 섞는다.
연미붓꽃	백·보라	4~5월	10월 분구	반 해그늘도 좋다. 추위, 건조에 강하다.
제비붓꽃	보라	5~6월 10월까지 계속 피는 것도 있다.	10월 분구	찰흙질의 습지도 좋다.
호접붓꽃 아기호접붓꽃	백 보라	5~6월	10월 분구 3월 분구	반 해그늘이 좋다. 식양토(埴壤土)가 좋다.

■ 밸런스를 망가뜨린 식물의 손질

원 인	상 태	처 치
꽃이 맺지 않는다	꽃눈이 없다. 꽃눈이 떨어진다.	꽃눈 형성기에 가지치기를 하거나 거름주기를 하지 않는다. 장소 변경이나 과다한 거름주기에 주의. 일조(日照)는 중요함.
무리한 포기나누기	생장하지 않거나, 잎이 시들어 회복되지 않는다.	가지, 잎, 뿌리가 다 일정하게 생육된 포기를 나눈다.
흙이 뭉쳐버렸다	공기가 통하지 않으므로 생육이 나빠진다.	부엽토나 바아크 등 유기물을 섞는다.
뿌리 주위를 너무 다져 뭉쳐졌다		수목이나 초화의 주위를 함부로 거닐지 않는다.
묘를 잡아했다	양분 흡수의 털뿌리가 잘라진다. 생육 불능이다.	심는데 최선을 다하든가, 본디 장소에 심어둔다.
화분이 깨졌다	생육에 크게 영향	뿌리와 흙과의 일체화를 망가뜨리지 않도록 배려한다.
큰 나무의 옮겨심기	줄기가 짜개진다. 나무껍질이 갈라 짜개진다.	옮겨 심은 후 당분간은 수분흡수가 불충분해져, 줄기의 표면이 건조하므로 짚 따위로 줄기 전체를 감든가, 한랭사로 수목 전체를 덮어 씌우고, 햇볕의 직사를 피해 증발을 적게 한다.
심기의 불충분	서서히 잎 빛깔이 불그스름해지거나, 1~2년 후에 생기가 갑자기 쇠약해진다.	뿌리 화분의 주위를 균일하게 다진 후 심는다.
채소 · 초화의 옮겨심기	굵은 뿌리나 뿌리털이 적은 것은 생육에 영향을 미친다.	종류에 따라 가지치기의 적부가 있다. 일조시간을 가감한다.
한여름 · 한겨울 · 생육이 한참일 때 옮겨심기	간혹 활착되는 수도 있다.	부득이한 사정이 있으면 최선을 다한다. 적기에 옮겨심으면 활착률은 높아진다.
과다한 가지치기	뿌리가 양수분을 흡수하지 못하게 된다.	수종에 따라 가지치기의 정도가 있다.
고르지 못한 가지치기	아래 가지가 시든다.	어느 부분에도 햇볕이 비치도록 한다.
물주기 부족	잎이 시든다.	흙 표면을 보고 판단한다.
과다한 물주기	잎 부분이 불그스름해진다.	수종에 따라 물주기의 횟수가 달라진다.
개화기 전에 화분의 장소 변경	봉오리가 떨어진다.	밖에서 실내로 장소를 바꾸지 않는다. 이 기간에 거름주기를 하면 봉오리가 떨어지는 수가 있다.
뿌리가 너무 퍼짐	각 뿌리가 양수분을 서로 흡수하려고 해서 잎 · 줄기의 생기가 쇠약해진다.	알뿌리 초화류는 분구나 포기나누기를 한다.
열매가 너무 열린다	가지가 꺾어진다. 열매가 커지지 않는다.	적절히 적과(摘果)하여 나무의 부담을 적게 한다.
꽃이 너무 맺힌다	수목이 약해짐. 또 과수류는 열매가 커지지 않는다.	개화 직후 적당히 꽃을 따주어 나무의 부담을 적게 한다. 과수류도 마찬가지이다.

어미그루에서도 매년 결실되는데 점점 적어진다.

- 런너에게 나온 묘를 어미그루에서 잘라내어 키운다.
- 런너는 포기를 번식하는 이외에는 밑둥에서 발라낸다.

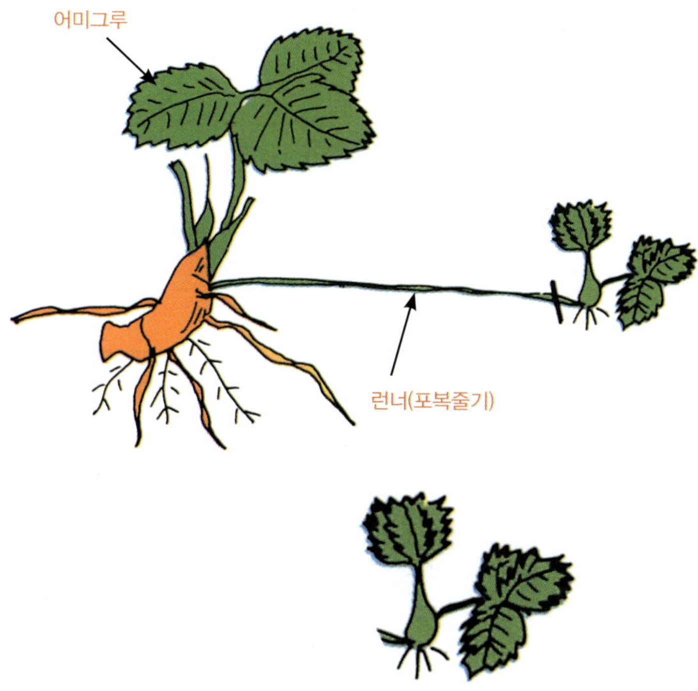

▲ 수련(睡蓮) 줄기 뿌리를 길이 7~10cm 정도로 잘라 나눈다.

▲ 나눈 모양의 잔뿌리는 비료로 사용한다.

❶

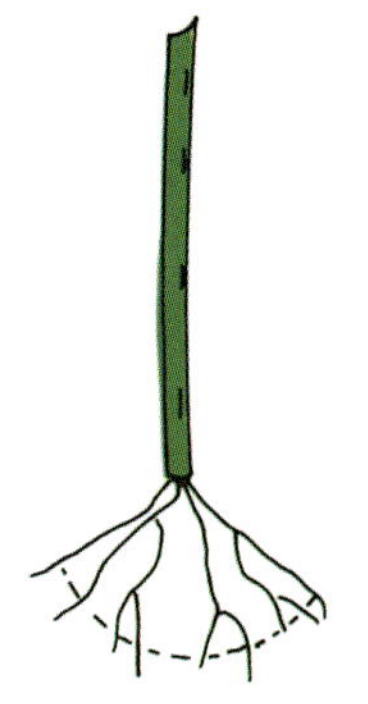

❷ 잔뿌리는 자른다.

❸ 밑에는 굵은 흙을 깔고, 배양토는 중심부를 높게 한다.

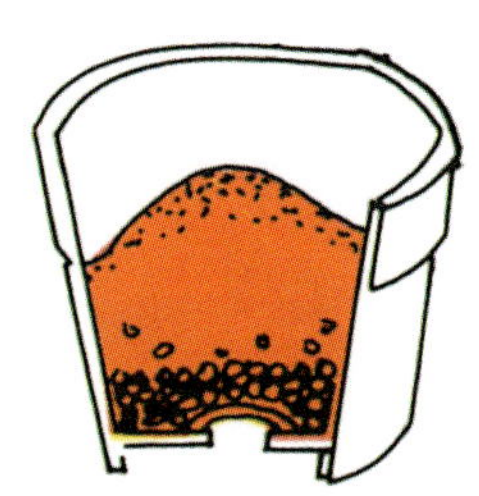

❹ 뿌리를 흙에 씌우듯이하여 얹어 놓는다.

❺ 배양토를 넣고, 주걱 따위로 다져 넣어, 뿌리와 배양토가 일체가 되도록 한다.

❻ 물을 줄 때에는 구멍이 가는 물뿌리개로 흠뻑 적신다.
호스로 물을 주면 흙이 이동하므로 좋지 않다.

◀ 붓꽃

◀ 바로 위에서 본 꽃창포

◀ 붓꽃의 뿌리줄기
　포기나누기

● 붓꽃의 포기나누기

❶ 뿌리줄기의 모양(2월 상순)

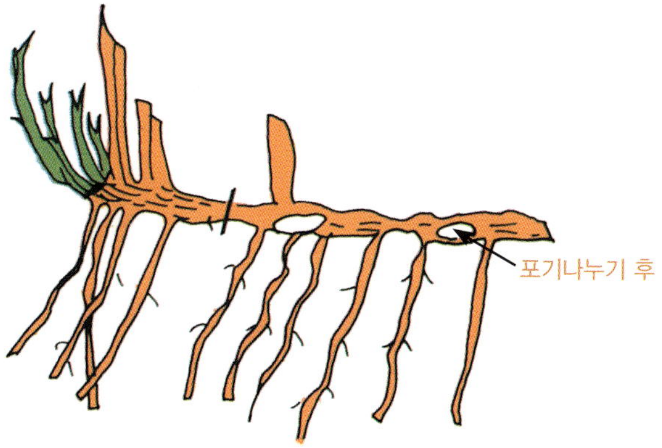

새눈

시든 잎

❷ 측면에서 뿌리줄기

포기나누기 후

● 애기붓꽃의 포기나누기(2월 상순)

시든 잎

베낸 자리

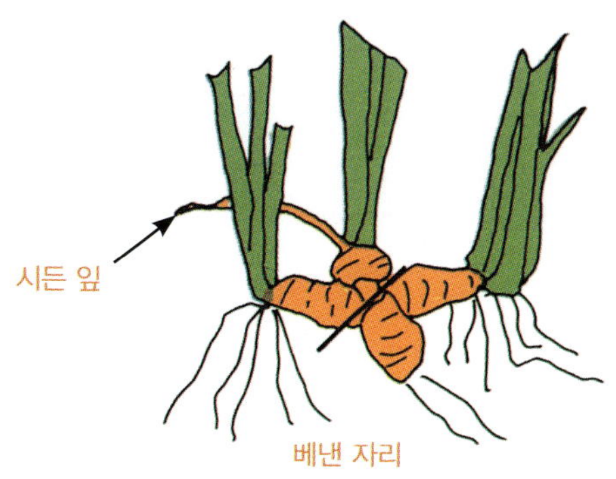

◀ 꽃창포

◀ 황창포

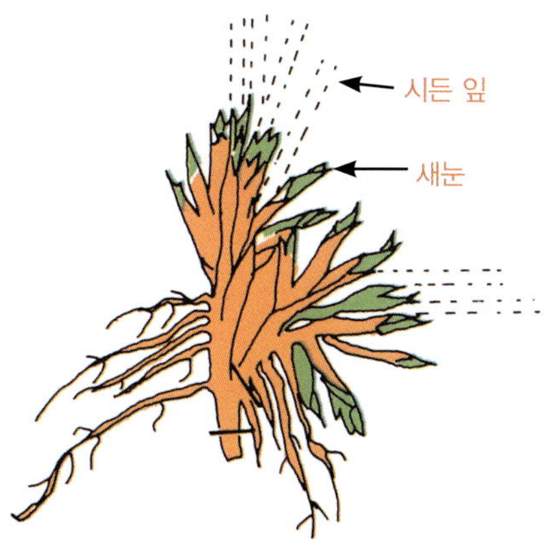

❶ 잎쪽에서 본 뿌리줄기(2월 상순)

❷ 새눈 쪽에서 본 뿌리줄기

❸ 이와 같은 1촉의 포기나누기는 생육이 더디다.

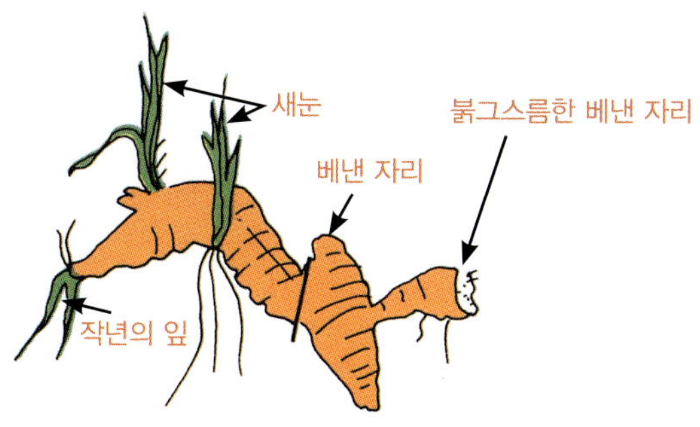

만년청의 포기나누기는 다음과 같이 한다.

❶ 싹이 붙어 있는 뿌리줄기를 잘라낸다.

❷ 새싹이 생장하고 있으면 하나의 포기가 되어 있는 것이므로, 뿌리를 확인하고 잘라낸다. 시기는 4월 또는 10월이 적합하다.

관리하는 방법은 다음과 같다.

❶ 배양토는 마사토, 산모래 등을 채로 쳐서 나누어 고운 흙을 제외한 것을 사용한다.

❷ 장소는 나무그늘이 비치는 곳으로, 겨울은 처마 밑이나 나무그늘이 진 곳에 화분째 묻어 둔다.

❸ 물은 끊기지 않을 정도로 과다한 것보다 건조한 듯한 것이 좋다.

❹ 잎에 직접 물을 주지 않도록 한다.

▲ 촌산(村山)

▲ 황명전(黃明殿)

▲ 근암반 사자

▲ 와조

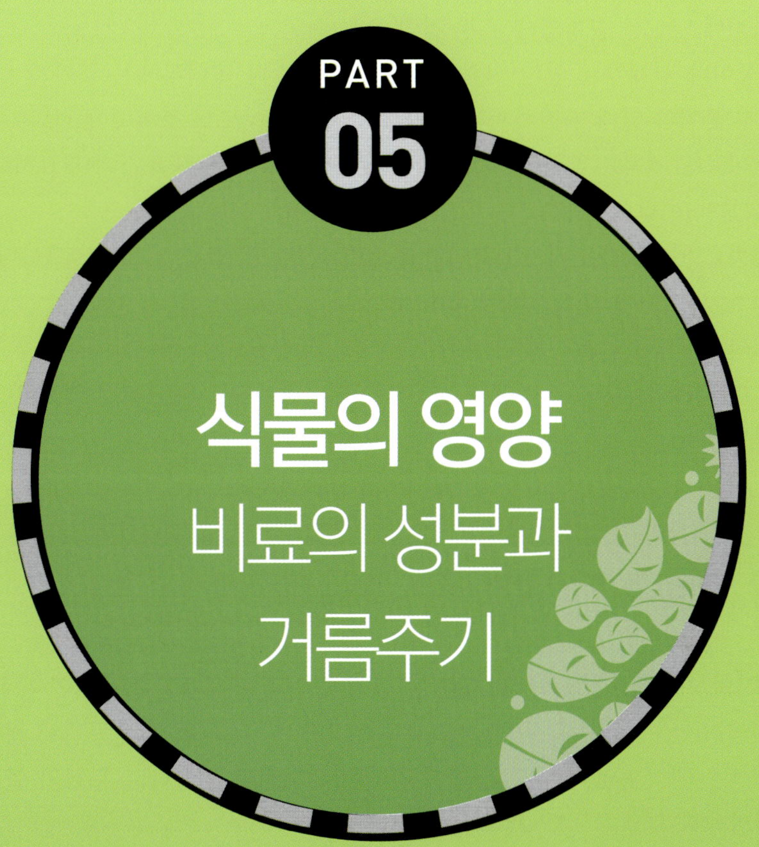
PART
05
식물의 영양
비료의 성분과
거름주기

식물의 영양이란

꺾꽂이나 접붙이기 등에서 제대로 활착한 후에는 영양을 공급하여 바람직한 생육이 되도록 해주어야 한다. 식물의 영양이란 비료를 말하는 것으로 질소, 인산, 칼리(칼륨)가 대표적인 비료의 3요소로 반드시 필요한 것이다. 이와 같은 비료를 식물의 목적에 맞도록 균형있게 주는 것이 중요하다.

관엽식물이나 엽채류는 잎의 빛깔이 엷어지고 과수나 꽃나무에서는 가지·잎만 무성해져 꽃이나 열매가 적어지는 결과를 가져오지 않도록 주의해야 한다.

① 질소비료(잎거름): 잎의 생육을 좋게 하는 비료로 초기 생육기에 필요하다(콩과 식물에는 필요 없음).

② 인산비료(열매거름): 가지·잎이나 봉오리나 꽃눈을 맺을 시기에 필요하다. 토양이 산성이면 비료의 효과가 좋지 않다.

③ 칼리비료: 뿌리나 줄기에 관계하는 비료로 양분을 운반해 주는 구실을 하므로 성숙기에 필요하다. 미량요소도 없어서는 안되지만 약간의 양이면 효과를 나타낸다.

02 비료를 주는 시기

거름주기의 기본은 식물의 뿌리가 활동할 때에 비료가 제대로 흡수하기 좋은 상태로 되어 있는 것이다. 수목의 경우 뿌리는 2월경부터 서서히 활동기에 접어든다. 3월에는 지상부의 가지, 잎, 싹이 자라며 비대하기 시작하고 뿌리의 활동도 한층 활발해진다.

1~2월에 준 한비(墓肥: 깻묵 등의 유기질)는 3월경에 비효(肥効)가 생겨 뿌리의 흡수와 타이밍이 맞아 떨어진다. 그 이전에 12월경의 거름주기는 빗물에 씻겨 내려가거나 흙에 고착되어 뿌리가 비료를 요구할 시기에는 비효가 상당히 감소되어 있다. 이와 같이 거름주기의 시기가 좋으면 비효도 높아지며 낭비도 적어진다.

■ 거름주기에 적합한 시기

수 종	거름주기의 시기
수 목 과 수 꽃나무	겨울철(1~2월): 새싹이 움직이기 시작하기 전에 중점적으로 시비(施肥). 웃거름(5월): 개화 후, 장미 7~10월, 영산홍 9월 답례거름(10~11월): 과실의 수확 후
묘 목	밑거름: 심기 전. 웃거름: 2 ~ 3회
초 화 채 소 묘 목	밑거름: 파종이나 묘심기 10일 전 쯤 작물의 생육 중 7~10일마다.
분 재	치비: 고형 비료를 화분 주위에 또는 얕게 묻어 둠 주로 유기질 비료를 사용.
분 재	물거름: 열매가 있는 분재, 귤, 사과 등 봄부터 가을까지

○ 기 타: ① 장마철의 시비는 좋지 않다.
　　　　 ② 1년 내내 똑같은 비료는 주지 않는다.
　　　　 ③ 9월, 10월은 이른 봄과 기온이 흡사하므로 가을에 뻗어 그 후 찬바람으로 새순이 시드
　　　　　 는 수가 많으므로 7월 이후는 수종에 따라 시비를 한다.

다량요소	10원소	질 소 N 인 산 P 칼 륨 K	3요소	제1요소
		탄 소 C 산 소 O		
		수 소 H		
		칼 슘 Ca 유 황 S 마 그 네 슘 Mg		제2요소
미량요소		철 Fe		
		붕 소 (硼素) B 아 연 Zn 몰 리 브 덴 Mo 망 간 Mn 구 리 Cu 염 소 Cl		
		규 소 Si		

비료에는 유기질(有機質) 비료나 무기질(無機質) 비료가 있고 그 중에는 여러 가지의 종류가 있어 함유된 성분 역시 각기 다르다. 또 작물의 목적에 맞게 비료를 함유한 성분비(成分比)라는 것도 있다. 일반적으로 많이 사용되고 있는 것을 다음 표에 정리해 보았다.

■ 유기질 비료의 성분표

요소별	비료명	질소%	인산%	칼리%	사용 메모
질소질비료	채소씨 깻묵	5.5	2.0	1.3	사용하기 편리하며, 단용(單用) 또는 쌀겨나 골분 등을 혼합해도 좋다. 발효된 것은 사용하기 더욱 쉽다.
	깨(들대) 깻묵	5.8	3.27	1.45	
	면 실 깻묵	6.0	2.8	1.3	
	콩 깻묵	6.5	1.5	1.6	
	생선찌꺼기(정어리)	9.8	4.5	0.5	속효성, 흙을 덮는다. 끓인 후 건조시켜 만든다.
	퇴 비 (짚)	0.5	0.2	0.5	화단이나 밭에 넣어서 토양 개량을 꾀한다.
	퇴 비 (낙엽)	0.6	0.2	0.6	
	인 분	1.0	0.5	0.3	가장 좋지만 장소에 따른다.
	오 줌	0.5	0.1	0.2	
	우 분	0.3	0.2	0.4	발효된 것이 이용하기 좋다.
	돼 지 분	0.4	0.2	0.6	
	모 발	13.0	7.5	6.0	
인산질비료	골 분	4.0	23.0	0.2	온난지에 유효
	닭 똥	2.0	4.0	1.0	흙을 덮어 둔다. 석회류와 혼합하지 않는다.
	쌀 겨	2.0	4.0	1.0	물에 불려서 사용, 깻묵과 혼합하면 발효가 빠르다. 부엽토 만들기로, 가랑잎에 단용해도 좋다.
	쌀 뜨 물	3.0	4.0	1.0	수챗물 침전물을 건조한 것. 발아 시에는 주의.
	활성 흙탕	–	1.0	–	
칼리질비료	초목 재(灰)	–	3.0	8.8	석회분 30%
	짚 재(灰)	–	2.0	4.0	석회분 2.8%
	쓰레기 태운 재	–	2.0	2.0	건조시키거나 태우거나 흙을 충분히 섞는다.
	해 초	1.5	0.5	4.0	

* 기타 = 자운영(紫雲英)(0.5-0.1-0.4)은 녹비(綠肥)로 알려져 있어 밭에 넣어 벼농사에 좋은 효과를 낸다.
재생비료 • 도시의 수챗물 건조 · 발효시킨 것. 밑거름에 이용한다.
     • 똥오줌에 유기물(톱밥 · 낙엽 등)을 섞어 건조 · 발효시킨 것으로 밑거름이나 토양 개량에 이용한다.
     • 유기질 – 태우면 재가 되는 것
     • 무기질 – 광물과 같이 탄소가 없어 태워도 재가 되지 않는 것

각 작물의 목적에 적합한 비료를 적당한 시기에 준다는 것은 앞에서 설명한 바와 같다. 그런데 주는 위치와 양이 알맞지 않으면 그 효과는 기대 밖의 결과를 초래한다. 순조롭게 생육하고 있던 화단의 초화나 꽃나무가 하룻밤 사이에 어느 쪽도 절반의 잎이 시든 잎과 같이 다갈색으로 변해버렸다.

초화 등의 줄기 주위는 밤이슬로 물기가 스며든 비료가 흩어져 있다기보다 오히려 한 덩어리씩 뭉쳐있는 듯이 쌓여져 있어 곧 그 주변의 흙을 제거하고 다른 흙으로 바꾼 적이 있다. 다행히 피해는 그 정도에서 끝났지만….

화학비료를 깻묵이나 계분과 같이 주면 농도 장해를 일으키는 수가 있다. 다음 표는 시비량(施肥量)의 기준을 나타내며 시비량의 기준표(142페이지)는 대략적인 기준을 표시했다.

■ 거름주기의 기준

초 화	아네모네, 라난큐러스, 글라디올러스, 다알리아 등에는 많은 듯이 준다. 튜울립, 히야신스, 수선화, 클록커스 등은 알뿌리에 비축된 양분이 있으므로 소량이라도 좋다.
채소곡류	배추, 무우, 토마토, 레타스, 보리 등에는 많은 듯이 준다. 벼에는 채소의 1/2~1/3 정도. 콩류는 주지 않거나 또는 질소 이외의 비료를 준다.
수 목	과수류는 넉넉히 주고 뜰의 상록수는 약간 많은 듯이 준다. 성목(成木)은 유기비료나 저도(低度)의 화학비료 소량, 소나무는 미량 또는 필요 없으며 묘목은 고도의 화학비료를 준다.

종별	시용구		단위		밑거름		웃거름	연간 사용량 · 메모
퇴	화분심기		7치분 약 3ℓ		용량비 20~30% 0.5~0.7ℓ		–	플랜터 6.5cm는 7치분의 약 3배
	초 화		1m²		1~2kg		–	새로운 용토만들기에는 3~5kg
	채 소		1m²		1~2kg		–	위와 같음.
	잔 디		1m²		2~3kg		–	위와 같음. 3~7kg (피아트모스 사용에선 20~60ℓ)
비	수목	과 수	심는 구멍 (예)	70×50	옮겨 심을 때	20~30% 40~30ℓ	–	봄이나 겨울에 2kg 주위의 흙에 섞어 넣음
		정원목(소)		40~30		7~11ℓ	–	2~3년에 1회 약 2kg 겨울철 주위의 흙에 섞어 넣음
		정원목(대)		50~40		16~23ℓ	–	3~4년에 1회 약 2kg 겨울철 주위의 흙에 섞어 넣음
계분 또는 깻묵	화분심기		7치분 약 3ℓ		15~25ℓ		2~3회	40~50g
	초 화		1m²		300~500g		〃	400~600g
	채 소		1m²		300~500g		〃	〃
	잔 디		1m²		200~300g		〃	활착 후는 물거름을 주기 편리하다.
	수목	과 수	심는 구멍	70×50	이식 시	200~500g	봄, 여름, 가을 1~2월	400~1kg
		정원목(소)		40×30		100~200g		400~1kg
		정원목(대)		–		–	–	3~4년에 1회 정도, 200~500g
저 도 화 성 N 5~6 P 5~6 K 5~6	화분심기		7치분 약 3ℓ		7~15g		월 2~3회	15~25g
	초 화		1m²		150~200g		〃	200~300g
	채 소		1m²		150~200g		〃	300~500g
	잔 디		1m²		100~150g		5~10월, 월 2~3회	200~300g
	수목	과 수	심는 구멍	70×50	이식 시	100~150g	봄, 여름, 가을 1~2월	성목 300~1kg
		정원목(소)		40×30		50~100g		200~300g 가을엔 소량
		정원목(대)						3~4년에 1회 정도, 100~150g
고 도 화 성 N 10~12 P 10~12 K 10~12	화분심기		7치분 약3ℓ		3~5g		월 2~3회	5~10g 농도장해에 주의
	초 화		1m²		60~100g		〃	100~150g
	채 소		1m²		60~100g		〃	150~200g
	잔 디		1m²					보통은 사용하지 않음
	수목	과 수	–		이식 시	–	봄, 여름, 가을	성목 150~500g 여름은 소량
		정원목(소)	–			–	–	
		정원목(대)	–			–		

• 퇴비는 토양의 개량이 주이며, 비료로서는 환산하지 않음 • 심는 구멍은 높이×깊이 단위는 cm
• – 표시는 보통 사용하지 않음 • 정원목은 대·소 모두 밑거름은 필요 없음. 묘목과 과수의 경우는 목적에 따라 따로 취급 • N, P, K는 여러 가지 짜맞추기가 있어 16~20%의 것은 이 표의 고도화성(化成)의 약 절반이면 좋다.

■ 무기질 비료(화학비료)의 성분표

	비료명	질소 %	인 %	칼리 %	비효	반응	적용작물	사용 메모
질소	유 안(疏安)	21	—	—	빠름	산	각 작물	• 밑거름, 웃거름용 석회, 초목재 용인(落燐)과의 배합은 피한다. 흡습성(吸濕性).
	초 안(確安)	33	—	—	빠름	중	채소 · 과수	• 웃거름용, 잎면 살포에도 사용. 농도 장해에 주의. 흡습성이 크다.
	요 소	45	—	—	빠름	중	각 작물	• 밑거름, 웃거름용. 흙은 중화(中和)해 둔다.
	석 회 질 소	21	—	—	중	알	벼 보리, 채소	• 밑거름, 산성 흙의 중화작용을 함 • 퇴비 만들기용
	염 안(塩安)	25	—	—	빠름	산중	벼	• 밑거름, 웃거름용, 유안(疏安)과 같으며 흙을 산성화(化)하기 쉽다.
인산	과인산(過燐酸)	—	16	—	빠름	산	과수, 채소	• 밑거름용, 흙이나 알카리분(分)과 직접 섞지 않는다.
	석 회 용성 인비(燐肥)	—	20	—	늦음	알	벼, 보리 밭작물, 벼	• 퇴비 등과 섞어서 사용한다. • 밑거름용, 과인산과의 혼합으로 비효를 높인다. 오래 묵은 논에 적합하다.
	소성(焼成)인비	—	37	—	늦음	알	각 작물	
	고토(苦土)과 인 산	—	16	—	늦음	알	벼, 보리, 채소, 과수	• 고토결집, 흙에 적당함
칼리움	황산(疏酸) 칼리	—	—	60	빠름	산	전 분 질(質) 작물	• 웃거름, 밑거름용, 농도장해에 주의
	염화(進化) 칼리	—	—	50	빠름	산	섬유 작물	• 밑거름, 웃거름용, 산성흙을 중화한다.
	중 (S) 탄산칼리	—	—	46	빠름	알	각 작물	• 산성 흙의 개량 재(材) 흙과 잘 섞는다.
	초 목 재		3	8.8	빠름	알	—	• 암모니움 비료와는 불가
복합	화 성 비 료	20 7	18 8	20 6	빠름	산	각 작물	• 혼합함으로써 보다 비효를 높인 것. 3요소 합계 30% 이상이 고도화성 • 그 이하는 저도화성
	배 합 비 료	10	8	10	빠름	중	각 작물	• 화학비료와 유기질을 섞은 비료. 성분이 높은 것을 농후(樓厚) 비료
석회	고 토 석 회	—	—	—	빠름			• 고토가 들어간 산성 흙의 개량용, 깊이 고루 섞는다.
	탄화(炭化)칼슘	—	—	—	빠름			• 탄칼이라 하여, 고토를 함유하지 않은 석회(石灰)
	소 (消) 석회	—	—	——	빠름			• (수산화칼슘) 이와 같은, 보통 석회라 부른다.
기타	성분이 높은 비료는 주로 채소용이며, 뜰의 나무에 사용하는 일은 없다. 잎면 살포용이나 물거름, 고형 비료 등 시판하는 것이 많다.							

❶ 묘목의 거름주기

- 부삽의 측면은 줄기를 향해 세워 꽂고, 그 짬에 시비를 한다.
- 피켈을 세워 꽂고, 그 속에 시비를 한다.

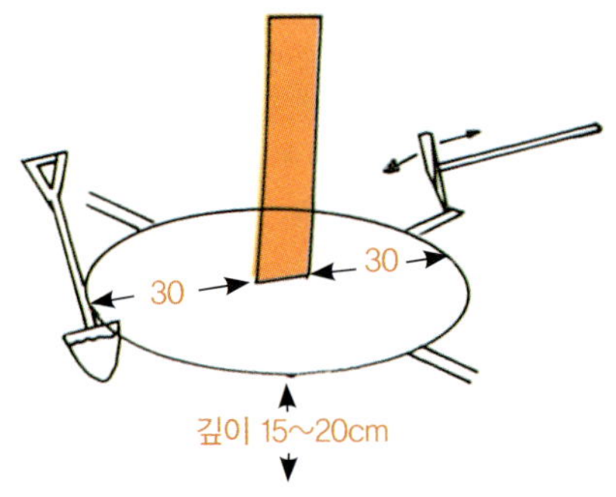

줄기보다 30cm 이상 떨어진 위치에 시비를 한다.

❷ 분재의 거름주기

❸ 성목(成木)의 거름주기

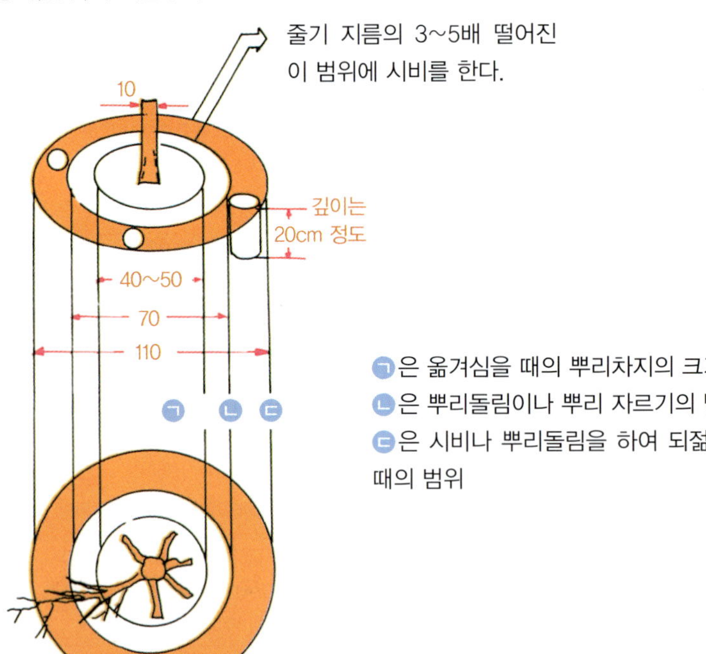

ㄱ은 옮겨심을 때의 뿌리차지의 크기

ㄴ은 뿌리돌림이나 뿌리 자르기의 범위

ㄷ은 시비나 뿌리돌림을 하여 되젊어짐을 꾀할 때의 범위

• 이식하여 여러 해 된 것은 수관의 선 범위에 시비한다.

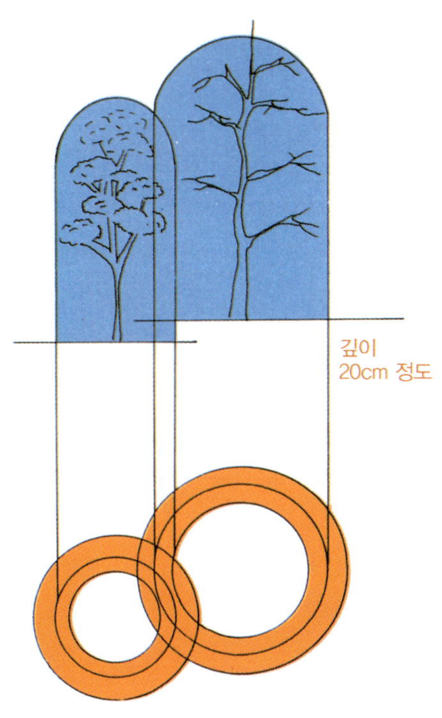

• 꽃나무와 과수는 시비를 하지만,
기타의 수목은 4~5년에 1회 정
도 퇴비나 바크 등을 주어 되젊
어지기를 꾀한다.

● 분심기의 거름주기

잎면에 살포하는 것도 있
으나 농도에 주의한다.

● 채소 · 초화의 거름주기

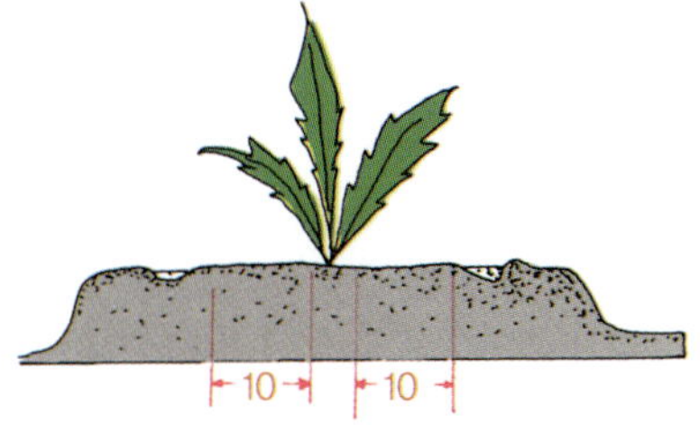

포기에서 10cm쯤 떨어진 곳에
시비한다.

비료 배합의 좋고 나쁨

일반적으로 가정에서 직접 비료를 배합하여 만든다는 것은 야채용으로 잎의 생육을 좋게 하는 비료와 초화용으로 꽃을 잘 피게 하는 두 가지 비료가 있다.

잎의 생육이 좋아지는 것이 식물생장의 바탕이 되므로 꽃눈을 맺고 꽃을 피우는 것은 당연할 것이라는 생각으로 두 가지를 섞어주는 것이 오히려 좋을 것이라 생각되기가 쉽다.

만약 잎거름용의 주요 성분이 유안(疏安)이고 꽃거름용의 주요 성분이 용성인비(落成雜肥)일 때는 이것을 혼합한 비료의 효과를 기대하기 어렵다. 왜냐하면 초목회(草木灰), 소석회(消石灰), 용성인비 등의 염기성 비료(알카리성)와 유안과의 배합은 암모니아분을 상실하기 때문이다. 또 초안(確安: 질산 암모니움)과의 배합은 질소분을 상실하게 되는 것이다.

- 인산 비료는 대부분이 흙에서 흡수되어 굳어져, 비효가 지속되지 않으므로 소량을 자주 시비하는 것이 좋다.

- 과(過)인산 석회는 퇴비 등과 혼합한 것을 사용하도록 한다. 직접 흙에 뿌려 주어도 비교적 비효는 적다. 이토록 비료의 배합 여하에 따라 크게 변화하는 수가 있음을 알아두도록 한다. 이런 것들을 다음 표(각종 비료와 배합의 가부)와 같이 정리해 보았다.

TiP 최소량의 법칙(最少量法則)

식물에는 필요원소 또는 양분의 각각에 대하여 그 생육에 필요한 최소한도의 양이 있고 만일 어떤 원소가 최소량 이하인 경우 다른 원소가 아무리 많이 주어져도 생육할 수 없으며 또한 원소 또는 양분 중에서 가장 소량으로 존재하는 것이 식물의 생육을 지배한다는 법칙을 말한다. 최소 양분율(最小養分律) 또는 최소율(最小律)이라고도 한다. 〈1843. 독일의 J. F. 리비히〉

■ 각종 비료와 배합의 가부

비료명		유기질				질소				인산		칼리			
		깻묵	생선찌꺼기	골분	계분	유안(硫安)	초안(硝安)	요소(尿素)	석회질소	과인산석회	용성인비	황산칼리	염화칼리	초목의재	소석회
유기질	깻 묵		○	○	○	○	×	△	○	○	○	○	○	○	○
	생선 찌꺼기	○		○	○	○	×	△	○	○	○	○	○	○	○
	골 부	○	○		○	○	△	○	○	○	○	○	○	○	△
	계 분	○	○	○		○	△	△	×	△	×	○	○	×	×
질소	유 안(硫安)	○	○	○	○		△	○	×		×	○	○	×	×
	초 안(硝安)	×	×	△	△	△		△	×	△	×	△	△	×	×
	요 소(尿素)	△	△	○	△	○	△		△	△	○	△	△	△	△
	석 회 질 소	○	○	○	×	×	×	△		×	○	△	△	×	×
인산	과인산석회	○	○	○	○	○	△	△	×		△	○	△	×	×
	용 성 인 비	○	○	○	×	×	×	○	○	△		○	○	△	△
칼리	황 산 칼 리	○	○	○	○	○	△	△	△	○	○		○	△	△
	염 화 칼 리	○	○	○	○	○	△	△	△	△	○	○		△	△
	초 목 의 재	○	○	○	×	×	×	△	×	×	△	△	△		○
	소 석 회	○	○	△	×	×	×	△	×	×	△	△	△	○	

· ○는 배합가 · △는 배합 후 · ×는 불가

TIP 콩과식물은 질소를 만든다

클로우버(토끼풀), 자운영, 잠두, 대두, 싸리, 박데기나무 등의 콩과식물은 뿌리털에서 근립균(根粒菌)이 침입하여 뿌리의 조직 속에 붙어살며 뿌리알갱이를 만든다. 이 뿌리알갱이 속에서 근립균은 살고 있어 흙에 함유되어 있는 질소를 동화하여 위에 예시한 콩과식물 등에서 유기산 등을 거둬들여 자기 자신이 합성하여 몸의 영양을 확보하고 있다.

그 밖에 오리나무과(자작나무과)도 지력(地力)을 기른다고 한다. 콩과식물의 질소질(窒素質)의 비료는 파종할 때 생육을 빠르게 하기 위해 소량의 시비를 하고, 그 후에는 필요 없다.

식물에 적합한 흙이란

식물이 보다 좋은 생육을 할 수 있게 하는 것은 태양의 열과 빛이다. 이것이 토양과 밀접한 관계를 맺으며 작용하여 생장한다.

토양의 3상(相)

흙의 좋고 나쁨은 토양을 구성하는 물과 공기와 흙의 비율에 의해 결정된다. 그것은 물(液相)이 1/4, 공기(氣相)가 1/2, 나머지 1/2이 흙(固相)인 상태로 되어 있는 것이 좋다고 한다.

지상부의 가지나 잎이 호흡을 하듯이 뿌리도 역시 호흡을 하고 있다. 토양이 뭉쳐 막히면 뿌리의 호흡도 둔해져 생육이 방해된다.

점토질(粘土質)을 많이 함유한 흙은 식물의 생육에 적합하지 않다. 분에심기나 초화, 채소 원예에서 중요한 것은 이 토양의 구성에 있다.

이렇게 세 가지로 구성되어 있는 흙이 실제 어떻게 짜여져 있는 것이 좋은가를 알아보자. 그러면 먼저 내부 구조를 살펴보기로 한다.

흙의 단립(團粒) 구조

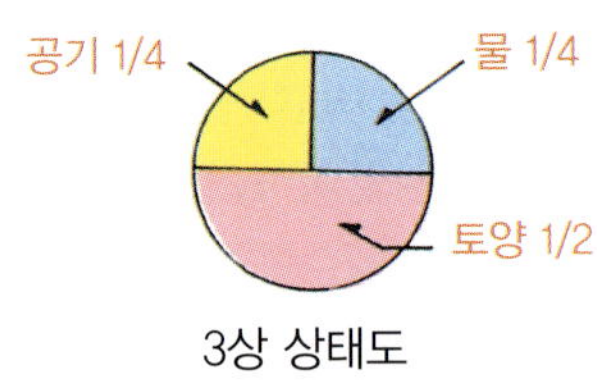

흙은 흙의 알갱이가 많이 모여져 구성되어 있다. 원예용으로 좋은 흙은 이 흙의 알갱이가 여러 가지 모양으로 굳어져 그 덩어리가 서로 접합되어 토양을 구성하고 있다.

각 덩어리와 덩어리가 맞닿는 부분에는 틈이 생겨 물이나 공기를 많이 함유하게 되어 있다. 이러한 구조는 통수(通水), 통기(通氣), 보수(保水), 보비(保肥) 등의 성질에 뛰어나 생육에 알맞는 토양이 된다.

■ 분에 심기 원예 · 분재용 흙 조견표

종별	식물명	모래질		유기질		메모
		마사토 발 흙	모래	부엽토 바아크	물이끼 피이트모스	
침엽수	곰 솔(黑松) 편 백 낙 엽 송 삼 나 무	}6~4 }4~5	6~4 4~5	2		
낙엽수	단 풍 나 무 느 티 나 무	3~5	3~5	1~2		
꽃나무	매 화 나 무 동 백 나 무 등 나 무 영 산 홍 철 쭉 석 남(石南)	}3~4 2~4 }4~6	3~5 2~4 1~3	2~3 2~3	2~3	차진 흙 4~5 }꺾꽂이에선 마사토 7
열매종류	앵 도 사 과 귤 석 류	}3~5 1~4	1~2 1~4	2~3 3		}차진 흙 3~4 물이끼가 좋지 않으면 뿌리 썩음이 생긴다.
잎종류	대나무 · 세죽 관 음 죽 소 철 동 양 란 만 년 청 속 새	2~8 3~5 10	2~8 9 3~5 5	2~3 2~3	1 10	경성(輕石) · 숯 · 바아크 단용 (單用)도 좋다. 차진 흙 5
꽃종류	수 련 장 미 국 화	4~6 2	5 4~6 5	5		차진 흙 5
초화	데 이 지 알 에 리 아 프 리 뮬 러 펜 지 나 팔 꽃	}4 2	1~2 5	2~4 3~5	2~4	PH 6~7
기타	튜 울 립 끈끈 이주 걱 채 소 류 벼 파 종 용 화 분 흙 묘 상 흙 다 육 식 물	7 5~6 5~6 1~3 3~5 3~7 5	1~2 3~5 3~7 1 7	2~3 2~3 1~2 1~2 4 2	3 5~6 2~3 1~2 1~2	PH 7 차진 흙 6~7 묘상용(菌床用) 조개껍질 0.5~1

표의 숫자는 용량으로 합계 10이 되도록 혼합한다.

점토질의 흙은 체로 쳐서 미진을 제거하며, 사질토(砂質土)에서는 점토질을 섞어 유기물(有機物)인 부엽토, 바아크, 피이트모스 등을 혼합하거나 반대의 성질인 것 2~3종류를 섞어 쓰면 좋다.

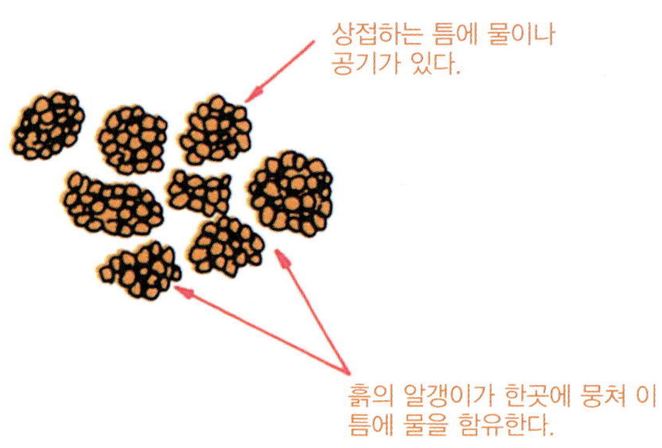

흙의 단립(團粒) 구조

PART
06
물주기의
기본

같은 수목이라도 장소가 바뀌고 계절이 바뀌면 물주기도 그에 상응하여 물주기 횟수의 증감을 고려해야 한다. 하물며 종류가 많은 식물에 있어서는 더욱 유념해야 한다. 각 식물에는 갖가지 특성이 있어 한마디로 몇 회라 말할 수는 없다. 따라서 각 식물의 특성을 알고 날씨와 장소 등을 배려할 필요가 있다.

수종별에 의한 물주기의 유형을 보면 다음 세 가지로 대별된다.
① 물끊김을 해선 안 되는 것이나 습한 것을 좋아하는 것
② 건조한 듯한 것을 좋아하는 것
③ ①, ②의 중간치로 물끊김이 되지 않을 정도를 좋아하는 것
이것을 분재나 분에심기에서 보면 〈분에심기 원예 분재용 흙 조견표〉(149페이지)와 같이 된다.

- **꽃 · 열매 종류**는 매화나무, 영산홍, 동백나무, 명자나무, 벚나무, 석남(石南), 석류, 앵두, 사과, 귤 등은 습기를 좋아하므로 물끊김이 없도록 해야 하며, 화분의 겉흙이 마르면 곧 주도록 한다.

- **잡목류**는 느티나무, 단풍나무류, 너도밤나무, 버들나무, 덩굴 등으로 이런 나무는 물끊김이 되지 않을 정도가 좋다. 화분의 겉흙이 마르면 빨리 물주기를 한다. 화분 속에 뿌리가 흡수할 수 있는 물이 약간 남아 있는 상태일 때이다.

- **송백(松任)류**는 곰솔(黑松), 금송(錦松), 오엽송, 참향나무, 편백(扁相), 측백나무, 노간주나무 등으로 건조한 것을 좋아하는 것이 많으며 화분에 겉흙이 마른 후에 물주기를 한다. 화분 속에 물기는 있으나 뿌리가 흡수할 수 있는 물이 완전히 없어졌을 때에 준다. 가문비나무, 삼나무 등은 습기를 좋아하는 모양이다.

- **초물류**인 복수초, 속새, 오이 풀 등은 물끊김이 되면 안 되는 부류에 속한다. 분재나 화분에 심기에서는 좁은 범위에 한정된 흙 속에서 생활하고 있다. 물이 끊기면 달리 충족할 수 없으므로, 각 식물과 물주기의 관계가 파악되리라 생각되어 기준표를 작성해 보았다. 정원수도 거의 이 기준에 준하면 된다.

■ 분재의 물주기의 기준

유형별	장소 / 계절	봄·가을	여름	겨울
△ 물이 끊기면 안되는 것 △ 습기를 좋아하는 것 (꽃·열매 종류)	일조시간이 긴 장소	1일 2회	1일 3회	2일 1회
	반해그늘과 흐린 날씨	2일 1~2회	1일 2~3회	2~3일 1회
△ 물이 끊기지 않을 정도(잡목류)	일조시간이 긴 장소	1~2일 1~2회	1일 2~3회	2~4일 1회
	반해그늘과 흐린 날씨	2~3일 1회	1일 2회	3~4일 1회
△ 건조한 것을 좋아하는 것(송백류)	일조시간이 긴 장소	2~3일 1~2회	1일 2회	3~4일 1회
	반해그늘과 흐린 날씨	3일 1회	1일 1~2회	4~5일 1회

- ○ : 해   - ○ : 반해   - : 물

① 정원수의 물주기

옮겨 심은 후 1년간은 정원수에 있어서 시련을 겪는 기간이다. 장소나 토양 등의 환경이나 조건이 크게 변하여 활착하는 데는 마이너스 요인이 너무 많은 것이다. 더구나 활착에 조금이라도 불리하게 되는 물주기는 정원수의 생장을 지연시키거나 또는 고사(枯死)로 이끌는지도 모르는 것이다.

이식 후 1년 이내의 정원수의 물주기는 다음과 같이 한다.

　㉠ 다량의 물을 일시에 준다. 소량의 물을 자주 주는 것은 통기성(通氣性)을 저해하게 된다.

　㉡ 여름에 몹시 더운 날씨가 계속될 때 상당량의 비가 내릴 때까지는 매일 물주기를 계속한다.

　㉢ 여름날 아침에 물을 주면 온도가 내려가 잎마름을 방지한다.

　㉣ 겨울의 물주기는 기온이 상승된 후에 주도록 한다. 활동하지 않는 낙엽수 등은 약간 부족한 듯이 주지 않으면 공연히 땅속 온도를 내리게 하여 역효과가 된다.

　㉤ 저녁의 물주기는 줄기를 웃자라게 한다.

　㉥ 정원목, 겉흙, 날씨를 잘 살펴 수종을 고려하여 주도록 한다.

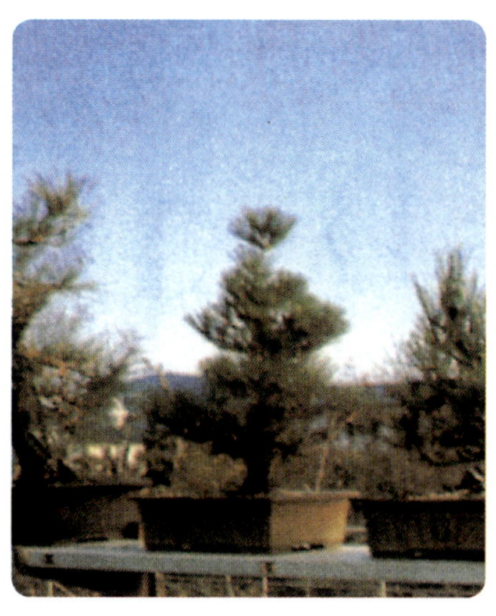

② **분재 · 화분에 심은 것의 물주기**

  ㉠ 겨울철에는 흙의 온도보다 물의 온도를 조금 올려서 물주기하는 배려도 중요하다.

  ㉡ 가끔 호스에서 세차게 물을 나오게 하여 화분 속의 묵은 공기, 묵은 물을 뿜어내도록 하는 방법도 있다. (관음죽, 아열대 초목 등)

③ **초화(草花) · 채소 등의 물주기**

  ㉠ 노지(露地)에 심을 때에도 여름에는 매일 주도록 한다.

  ㉡ 거름을 줄 때는 먼저 시비를 한 후 물주기를 한다.

  ㉢ 물거름의 경우는 물거름이 물주기 대신이 된다.

  ㉣ 한나절의 물주기는 미리 받아 응달에 둔 물이 좋다. 잎에 뿌리지 않도록 한다.

  ㉤ 꽃에 직접 물을 뿌리면 꽃잎이 달라붙는다.

염수(鹽水)나 오수(汚水)를 사용하는 것은 좋지 않다. 식물에 적합한 것은 대략 다음과 같다.

① 미리 받아 둔 맑은 물이나 햇빛으로 더워진 미지근한 물은 특히 좋다고 한다. 여름 햇빛에 더워진 물은 수온이 높아지며 겨울에 받아 둔 물은 수온이 너무 내려가므로 뿌리와 일체가 되는 토양과의 온도차가 크므로 이런 점에 주의를 해야 한다.

② 우물물이나 샘물은 독물(毒物)이 없으며 흙이나 암석에서 녹은 미네랄(광물질 영양분)을 함유하고 있으므로 적당한 물이다. 산소분이 적으므로 휘저어 사용한다.

③ 수도물도 상관없다. 염소분이 염려되면 물 10ℓ에 하이포넥스 1g을 넣고 잘 섞어 중화시켜서 사용한다. 또 염소는 태양 광선이나 공기에 접촉하면 사라진다.

④ 개울물은 산소가 풍부하여 독해물만 없으면 가장 적합하다.

⑤ 빗물은 물주기보다 침투가 잘 되므로 가끔 맞는 비는 좋은 것이다.

질적으로도 조건이 좋아 천연의 물은 역시 최고의 것이라 말할 수 있다.

■ 꺾꽂이, 접붙이기 등의 적기 조견표

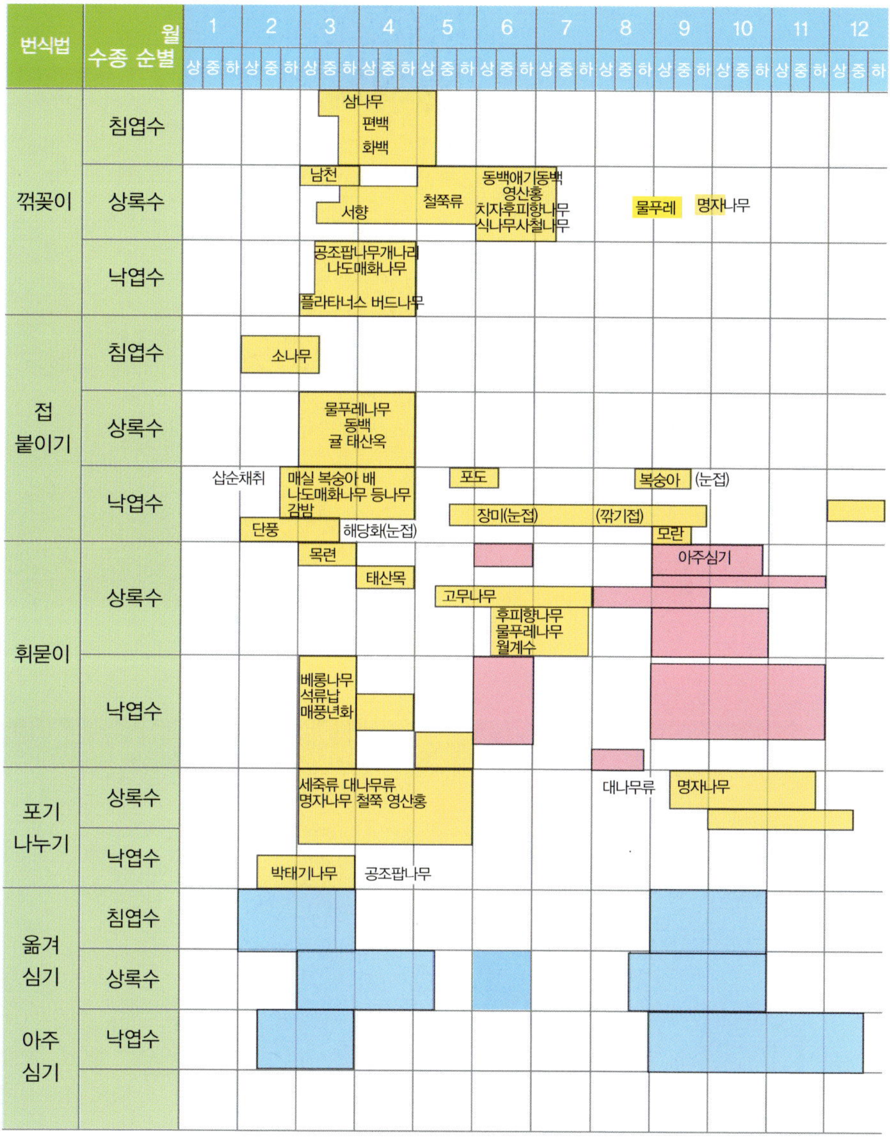

번식법	수종 순별	1	2	3	4	5	6	7	8	9	10	11	12
꺾꽂이	침엽수			삼나무 편백 화백									
	상록수			남천 / 서향		철쭉류	동백애기동백 영산홍 치자후피향나무 식나무사철나무			물푸레	명자나무		
	낙엽수			공조팝나무개나리 나도매화나무 / 플라타너스 버드나무									
접붙이기	침엽수		소나무										
	상록수			물푸레나무 동백 귤 태산옥									
	낙엽수	삽순채취	단풍	매실 복숭아 배 나도매화나무 등나무 감밤 / 해당화(눈접)			포도 / 장미(눈접)		복숭아 (눈접) / (깎기접)	모란			
휘묻이	상록수			목련	태산목	고무나무	후피향나무 물푸레나무 월계수			아주심기			
	낙엽수			베롱나무 석류납 매풍년화									
포기 나누기	상록수			세죽류 대나무류 명자나무 철쭉 영산홍					대나무류	명자나무			
	낙엽수		박태기나무		공조팝나무								
옮겨 심기 아주 심기	침엽수												
	상록수												
	낙엽수												

- ■(하늘색) : 휘묻이를 잘라내어 아주심는 시기
- ■(분홍색) : 포기나누기는 아주심기와 같은 시기

▲ 데이지

▲ **거베라**: 봄에 포기나누기

▲ **프리지어**: 9월 중순에 알뿌리를 심어, 프레임에서 월동시키면 3월에 꽃이 핀다.

▲ **로오드히폭시스**: 알뿌리나누기를 실행함

▲ **왜성 용담**: 봄에 포기나누기, 한 번 심어두면 매년 꽃이 핀다.

▲ **아마릴리스**: 가을에 알뿌리나누기를 하여 봄에 심는다.

▲ **프리뮬러**: 포기나누기 또는 실생

▲ **시클라멘**: 9월에 파종, 최저 온도 10도

▲ (좌)패랭이꽃: 포기나누기 (우)프리무라

▲ **카네이션**: 눈꽃이(9월)나 실생

▲ 베고니아: 눈꽂이나 실생(3월)

▲ 포인세치아: 7월 꺾꽂이, 최저 온도 10도

■ 초화의 눈꽃이와 포기나누기의 적기

초화명	과명	뿌리	꽃빛깔	1월 2	3 4	5 6	7 8	9 10	11 12	메모
아가판사스	백합화	다년초	보라·색	파종		개화		분주		건조는 좋지 않다.
아네모네	미나리아제비과	구근초	척·백·분홍		개화 분구 파종					추위에 강함. 햇볕에
붓꽃	붓꽃과	다년초	보라·백			개화 분주				3년에 1회 포기나누기
아루메리아	바닷가소나무과	다년초	분홍·백		개화			분주		추위에 강함
카네이션	패랭이꽃과	다년초	분홍·백·적		개화			눈꽃이		노지용은 9~10월 파종
국화	국화과	다년초	백·적·흑			눈꽃이	개화			추위에 강함, 여름국화도 있음
코스모스	국화과	1년초	분홍·적·백			파종 눈꽃이 개화				4~5월에 뿌리면 개화는 6~7월
코리우스	소엽과	다년초	관엽식물			파종 눈꽃이				꽃도 관상한다. 섭씨 10~25도, 직사광선은 좋지 않다.
샐비아	소엽과	1년초	적		파종	눈꽃이 개화				더위에 강함
시클라멘	앵초과	다년초	적·분홍·백	개화	분주		파종	개화		고온·저온·건조는 좋지 않음. 섭씨 10~25도 정도
스토케시아	국화과	다년초	홍		분주 눈꽃이	개화 분주				실생은 4월
모스프록크스	꽃고비과	다년초	밝은분홍		눈꽃이 개화					후록크스의 한무리
석죽	패랭이꽃과	다년초	분홍·백·보		눈꽃이 개화		분주 파종 분주 눈꽃이			내한성·다이언사스 당(唐)패랭이꽃
패랭이꽃	패랭이꽃과	다년초	분홍·백·노랑		눈꽃이 개화		분주 파종 분주 눈꽃이			내한성·다이언사스 당(唐)패랭이꽃
데이지	국화과	다년초	분홍·백·노랑			개화	파종 분주			추위나 건조는 좋지 않음. 실생은 8~9월. 데이지
복수초	미나리아제비과	다년초	노랑	개화	파종			분주		추위에 강하나 여름은 서늘한 장소에
프리물러·포리안사	앵초과	1년초취급	황보라		눈꽃이 개화 파종		눈꽃이 분주			눈꽃이는 어린 정아(頂芽)꽃이, 고온·건조는 좋지 않음
베튜니아	가지과	1년초취급	보라·적		눈꽃이 개화		눈꽃이			겨울은 프레임이나 온실에
마아거리트	국화과	다년초	백·노랑		개화		눈꽃이			씨앗이 열리지 않음
단양 쑥부쟁이	앵초과	상록다년초	분홍·백·보라	파종	개화 눈꽃이					햇볕이 잘 드는 장소에
마리골드	국화과	1년초	노랑		파종 눈꽃이 개화 눈꽃이					뿌리에 살충성분(殺蟲成分)
아스타	국화과	상록다년초	청·분홍·배		개화			분주		고온은 좋지 않음
무스카리	백합과	구근초	청·분홍		개화		분주			
제라늄	쥐손이풀과	다년초	적·분홍·백		개화 눈꽃이	개화 눈꽃이				물에 꽃아도 발근한다. 꽃은 사계절 피기(1년중)
페랄고늄	쥐손이풀과	다년초	적·분홍	파종	개화		파종 눈꽃이			꽃은 한 계절 피기
라난큐러스	미나리아제비과	구근초	백·분홍·적		분구					구근은 10월에 햇볕이 잘 드는 장소에

· 🗲 : 은 파종기   · ━━ 은 개화기   · 분주: 포기 나누기

▲ 제라늄: 실생 또는 포기나누기

▲ 목련: 접붙이기, 휘묻이, 포기나누기

▲ **아이비**: 휘묻이 또는 포기나누기

▲ **앵두**: 접붙이기, 포기나누기

▲ **구골나무**: 꺾꽂이 또는 포기나누기

▲ **진달래**: 꺾꽂이

▲ 벚나무: 접붙이기 또는 실생

▲ 가는잎조팝나무: 꺾꽂이(2월) 또는 포기나누기

▲ 배나무: 접붙이기 또는 실생

▲ 모란: 실생 또는 접붙이기

▲ (왼쪽)물푸레나무: 꺾꽂이, 접붙이기, 모란
　(오른쪽)개나리: 꺾꽂이, 휘묻이, 포기나누기

▲ 홍매(紅梅): 꺾꽂이 또는 접붙이기

▲ **콩조팝나무**: 꺾꽂이 또는 포기나누기

▲ **크로톤의 여러 가지**: 꺾꽂이

▲ 해당화: 꺾꽂이 또는 접붙이기

▲ 명자나무: 포기나누기

▲ 층층나무: 꺾꽂이 또는 포기나누기

▲ 풍년화: 꺾꽂이, 접붙이기, 실생

추위에 약한 화초나 가을에 파종한 12년초를 월동시키거나 화분에 심을 것을 겨울에 꽃을 피게 하거나, 기온이 낮은 이른 봄에 파종을 하는 경우, 관엽식물이나 선인장을 가꾸기 위해서는 반드시 프레임이 필요하다.

프레임을 이용하면 한겨울에도 프레임 안의 온도를 20℃가 넘게 유지할 수 있다. 화초의 종류에 따라서는 온도가 너무 올라가면 지나치게 웃자라는 수가 있으므로 오전 11시쯤에는 문을 열어주어 통풍을 꾀할 필요가 있다.

특히 물을 준 후에 바로 닫아두면 화초가 물크러지거나 잎마름을 일으켜 약해지므로 주의를 요한다. 오후 2시가 지나면 문을 닫아 열이 도망가지 않도록 하고 4시가 지나면 담요나 거적 따위를 덮어 야간 보온을 해주도록 한다.

다음 그림과 같은 치수의 것이 일반적인데 가정에서 원예를 즐기려면 놓는 장소를 감안하여 크기를 정하면 되고 반드시 그림과 같은 치수가 아니라도 상관없다. 만드는 법도 어렵게 생각할 필요 없이 상자 따위에 비닐을 덮으면 된다는 생각으로 손수 만들도록 하면 좋다.

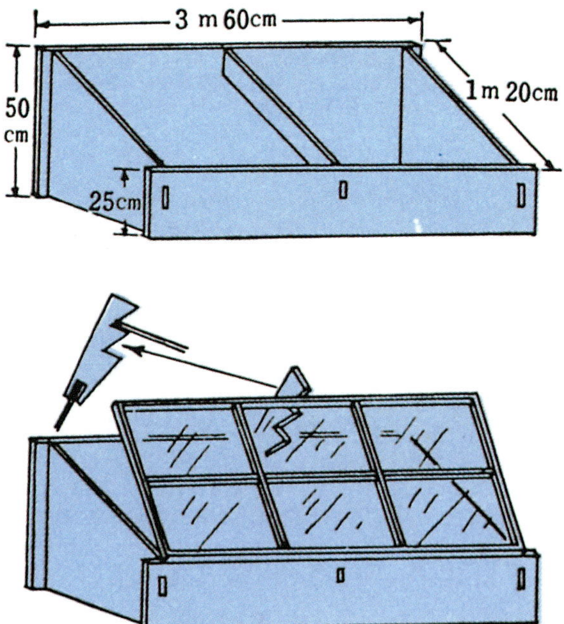

간단한 프레임에 대해 알아보면, 좁은 장소에서는 책꽂이형 프레임을 만들면 편
리하다. 쓰지 못하는 책꽂이를 이용하여 뒤편을 합판으로 막고, 앞을 비닐로 가
리면 된다.

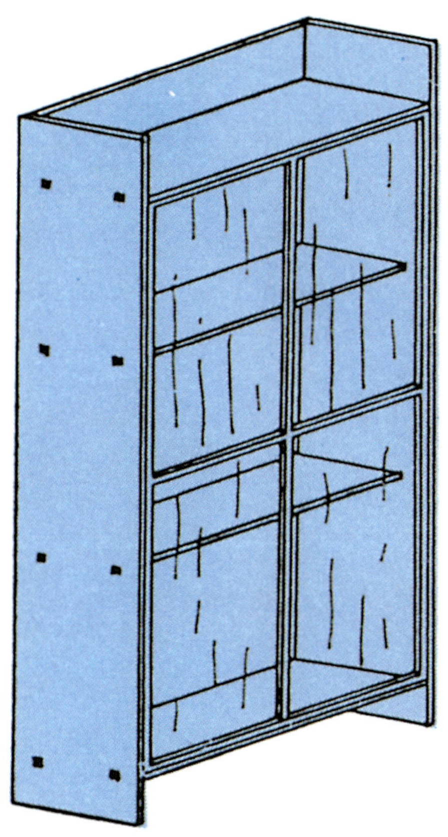

① 씨앗을 모은다.

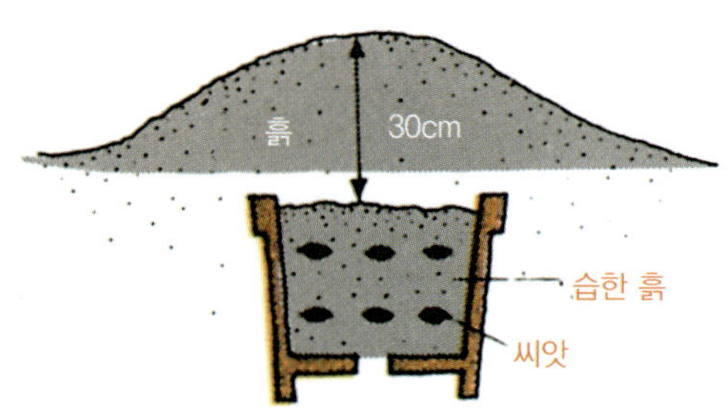

② 2월초까지 흙 속에 저장

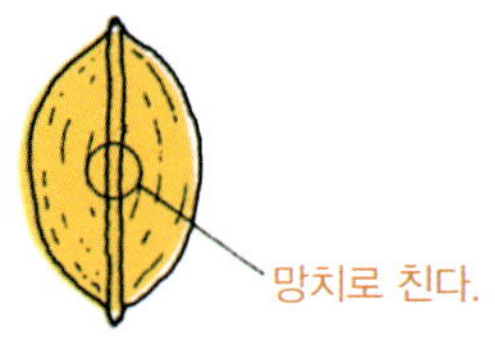

③ 씨앗은 망치로 핵을 갈라서 꺼낸 것을 심는다.

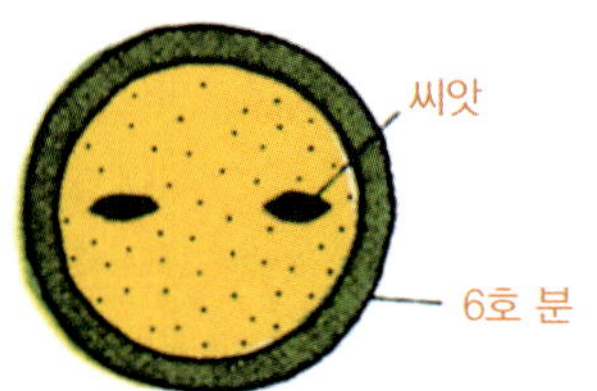

④ 분에 파종

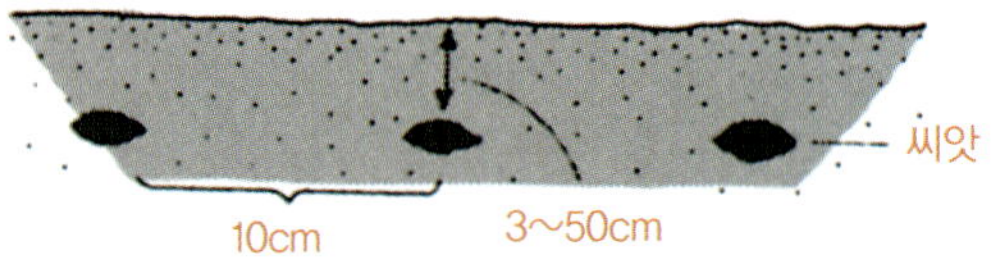

⑤ 뜰에 파종

씨앗으로 키우는 방법은 다음과 같다.

• 개성을 즐기는 실생묘목

씨를 뿌려서 실생묘를 만드는 것은 ① 새 품종을 만들 경우, ② 묘목의 접목용 대목(台木)을 만들 경우, ③ 관엽식물로서 열대과수를 만들 경우 등에 행한다. 이와 같이 만든 묘를 '실생묘목'이라고 부르며 이것은 한 나무마다 서로 다른 특이한 특색을 갖고 있으며 특징적인 나무로 자란다.

• 채종법(採種法)

많은 종류의 과실은 열매 속에 씨가 있다. 복숭아나 무화과 등 큰 씨는 열매를 먹은 후 모으기 수월하나 블루베리, 키위, 라즈베리 등 자잘한 씨앗은 열매를 으깨어 물에 씻어서 씨앗만 고른다. 또 온주밀감이나 바나나 등 씨앗이 없는 종류도 있다.

• 저장 후 파종하는 품종

사과, 살구, 감, 머루, 체리(뼛지) 등 낙엽과수와 패조아 올리브의 씨앗은 채종 후 즉시 파종하여도 싹이 나지 않는다. 이런 종류는 습한 흙속에서 1년을 잠잔 다음 발아하므로 건조하지 않게 다음해 2월까지 저장한다.

양이 많을 경우는 채종 후 흙속에 묻거나 습기가 있는 자루에 밀봉하여 냉장고에 저장하여 다음해 2월 하순, 분에 심기 과수의 관리에 준하여 심는다.

또한 종자를 건조시키면 발아하지 않거나 다음해(2년째) 봄에 가서 발아하므로 주의하여야 한다.

• 즉시 파종하는 종류

아보카도, 파파야 등 열대과수와 봄에 출하되는 밀감류와 비파의 씨는 열매를 먹은 후 곧 파종하여 15~30일 정도면 발아한다. 용토는 정원흙 또는 적옥토 6, 부엽토 3, 모래 1의 비율인 혼합토가 좋다.

■ 수목의 번식법

- 식토 · 점토 37.5~50%를 포함한 흙(식토양)
- 양토 · 점토 12. 5~50%를 포함한 흙
- 사토 · 양토보다 점토가 적은 흙
- 음양기 ○는 양수 ●은 음수 ◑는 반해그늘
  ◎는 음양 어느 것이라도 좋다. 우: 推 ♂:雄

수목명	꺾꽂이	접붙이기	휘묻이	포기나누기	실생	토양	음양	생장	메모
● 침엽수									
소(솔)나무		○			○	사토	○	보통	우♂ 같은 종
주목	○				○	양토	●	늦음	우♂ 이종(異種)
개비자나무					○	양토	○	보통	우♂ 이종(異種)
젖꼭지나무	○				○	양토	●	보통	우♂ 이종(異種)
피라밋향나무	○				○	사토	○	빠름	우♂ 이종(異種) 별명 향나무
새					○	양토	●	늦음	우♂ 이종(異種)
가라목	○				○	양토	●	늦음	
곰솔(黑松)		○			○	사토	○	빠름	우♂ 같은 종
금송(錦松)	○				○	양토	◎	늦음	우♂ 같은 종
오엽송		○			○	사토	○	보통	우♂ 같은 종
화백나무	○				○	양토	●	빠름	우♂ 같은 종
삼나무	○				○	식토	◑	보통	우♂ 같은 종
반송		○				사토	○	빠름	성질은 일본잎 갈나무와 같음
측백나무					○	양토	○	보통	우♂ 이종(異種)
노간주나무					○	양토	◎	빠름	우 Ⅻ
섬향나무	○				○	양토	◎	보통	우♂ 이종(異種)
편백	○				○	식토	◎	보통	우♂ 같은 종
히말라야시이다	○				○	양토	○	빠름	별명 히말라야 삼목
● 상록관엽수									
식나무	○			○	○	식토	●	보통	우♂ 이종(異種)
마취목(馬醉木)	○				○	양토	◎	보통	별명 아시비 · 아세포
꽝꽝나무	○			○	○	식토	●	늦음	우♂ 이종(異種)
졸가시나무					○	식토	◎	늦음	우♂ 이종(異種)
초령목					○	양토	○	보통	
올리브		○			○	양토	○	늦음	
백칠	○				○	양토	●	보통	
송이꽃자금우					○	양토	○	늦음	
카리스테몬	○		◎		○	양토	○	보통	별명 브랫시키노
칼미야	○			○	○	식토	○	늦음	별명 미국 석남(石南)
겨울동백(寒椿)	○	○				식토	◑	보통	아기동백과 비슷하다.
협죽도	○			○	○	사토	○	늦음	공해에 강하다.
왜진달래	○			○	○	사토	◑	늦음	

수목명	꺾꽂이	접 붙이기	휘묻이	포기 나누기	실생	토양	음양	생장	메모
금감(금귤)	○	○				양토	○	보통	길쭉한 열매와 둥근 열매가 있음
박달목서	○	○	○	○		양토	○	늦음	♀♂ 이종(異種) 암나무가 많다.
박달목서	○	○	○	◎		양토	○	늦음	♀♂ 이종(異種) 암나무가 많다.
구슬회양목	○		○			양토	◐	보통	♀♂ 같은 종, 별명 좀회양목
녹나무	○				○	양토	○	빠름	
치자나무	○			○	○	양토	◐	보통	같은 종에 천엽치자
먼나무	○				○	사토	○	늦음	♀♂ 이종(異種)
월계수	○		○		○	양토	○	빠름	♀♂ 이종(異種)
월계화	○	○			○	양토	○	빠름	
코토네아스타	○	○			○	양토	○	보통	같은 종류에 베니시탄
비쭈기나무					○	양토	◎	보통	
애기동백	○	○			○	식토	○	늦음	
영산홍	○			○	○	사토	◐	보통	품종은 많다.
아왜나무	○				○	식토	●	보통	
붓순나무	○				○	식토	●	늦음	
다정큼나무	○			○	○	사토	◐	늦음	서양종도 있다.
죽절초	○				○	양토	○	늦음	
종려나무					○	식토	○	늦음	수종려는 잎이 늘어지지 않음
가시나무				○	○	양토	◐	보통	♀♂ 이주(異株)
서향	○			○	○	식토	●	보통	♀♂ 이주(異株) 암나무가 많다.
죽절초	○			○	○	양토	◐	늦음	열매도 있다.
소철	○			○	○	사토	○	늦음	♀♂ 이종(異種)
태산목	○				○	식토	○	보통	
광귤		○		○		양토	○	보통	
귤나무	○				○	식토	○	보통	
피라칸다	○				○	식토	○	보통	
후박나무					○	식토	○	빠름	별명 후박
회양목	○				○	식토	●	늦음	♀♂ 같은 종
동백나무	○	○			○	양토	◐	늦음	품종은 많다.
섬음나무					○	양토	○	빠름	
나기이카다				○	○	양토	●	늦음	♀♂ 이종(異種)
여름동백나무	○				○	식토	○	보통	별명 사라목
멍석수유나무	○				○	사토	○	보통	낙엽성의 것 등 품종은 많다.
남천	○			○	○	양토	◐	보통	흰 열매도 있음.
광나무	○				○	식토	◐	빠름	그 밖에 제주광나무
백산목	○				○	양토	○	보통	호박백산목은 한 변종
백정화(滿天星)	○			○	○	양토	○	늦음	♀♂ 이종(異種)

수목명	꺾꽂이	접붙이기	휘묻이	포기나누기	실생	토양	음양	생장	메모
우묵사스레피					○	양토	●	늦음	♀♂ 이종(異種)
구골나무	○	○			○	사토	●	늦음	♀♂ 이종(異種)
뿔남천	○		○	○	○	사토	○	보통	같은 종에는 가는잎뿔남천축
뿔물푸레나무	○					식토	◑	보통	결실하지 않음
사스레피나무					○	양토	○	보통	♀♂ 이종(異種)
비파나무		○			○	양토	○	늦음	
호우리	○				○	식토	●	보통	서양 구골나무, 크리스마스호우리
사철나무	○				○	양토	●	빠름	수성(樹性)은 강함. 줄무늬잎 등
백량금	○				○	양토	●	늦음	노랑열매, 얼룩무늬잎 등
귤		○				양토	○	늦음	품종은 많음
감탕나무	○				○	양토	○	늦음	♀♂ 이종(異種)
후피향나무	○				○	양토	◑	늦음	
팔순이	○			○	○	양토	●	늦음	
자금우				○	○	양토	●	보통	
소귀나무		○			○	양토	○	늦음	♀♂ 이주(異株)
유카리					○	양토	○	빠름	강풍에 줄기가 부러진다.
유자나무		○				사토	○	늦음	
굴거리	○				○	양토	◑	늦음	♀♂ 이종(異種)
와이스께동백	○	○			○	양토	◑	늦음	

● **낙엽수**

수목명	꺾꽂이	접붙이기	휘묻이	포기나누기	실생	토양	음양	생장	메모
백오동					○	양토	○	빠름	
보리수나무	○				○	식토	○	빠름	
수국	○		○	○		식토	●	빠름	
굴참나무					○	양토	○	보통	♀♂ 동주(同株)
아베리아	○		○	○		양토	○	빠름	6~7월
미국산딸나무	○		○		○	양토	○	빠름	별명 미국층층나무
살구	○	○			○	양토	○	보통	매실, 복숭아, 자두와 접붙임, 교잡(交雜)
이나무		○			○	양토	○	빠름	♀♂ 이종(異種)
무화과	○			○		양토	○	빠름	식용
은행	○	○			○	사토	○	빠름	♀♂ 이주(異株) 열매는 은행(銀좀)
개물푸레나무	○				○	양토	○	보통	
개서어나무					○	양토	○	빠름	♀♂ 동주(同株)
쥐똥나무	○				○	식토	○	빠름	반 낙엽
빈도리	○			○	○	양토	○	빠름	별명 병꽃나무의 꽃
매화나무	○	○			○	양토	○	보통	종류는 많음

수목명	꺾꽂이	접붙이기	휘묻이	포기나누기	실생	토양	음양	생장	메모
나도매화나무	○	○			○	양토	○	보통	♀♂ 이주(異株) 숫나무가 결실
꼬부랑버들	○		○	○	◎	양토	○	빠름	♀♂ 이종(異種) 물꽂이, 종류는 많음
때죽나무					○	양토	○	빠름	
금작화	○				○	식토	○	빠름	
팽나무					○	양토	○	빠름	♀♂ 같은 종
회화나무	○	○			○	양토	○	보통	이외에 처진회화나무
황매(迎春花)	○			◎		식토	○	늦음	내한성
오오시마벗나무	○	○			○	양토	○	빠름	대목(台木)용
청불두화	○					식토	◑	늦음	별명 불두화
함박꽃나무					○	식토	◑	보통	
개아그배나무	○	○			○	양토	○	보통	꽃아그배, 제주아그배가 있음
감나무		○			○	식토	○	보통	♀♂ 같은 종
떡갈나무					○	식토	○	보통	♀♂ 같은 종
계수나무	○				○	식토	◑	빠름	♀♂ 습지가 좋다.
가막살나무					○	양토	●	빠름	
통달목	○			○	○	식토	○	빠름	난대(暖帶)에서는 낙엽, 내한성
탱자나무					○	양호	○	빠름	귤류의 대목
일본잎갈나무					○	양토	○	빠름	♀♂ 같은 종, 낙엽송
모과나무	○				○	양토	○	빠름	
참오동					○	양토	○	빠름	처음 뻗은 줄기를 잘라낸다. 생장이 좋음(뿌리 높임)
갈퀴망종화				◎	◎	식토	◎	빠름	
은백양	○					양토	○	빠름	♀♂ 이종. 별명 백양(白楊). 잎 뒷면이 은백색
은아카시아	○				◎	양토	○	보통	잎에 힘 가루를 띤다.
구기자나무	○				○	사토	○	빠름	약용
풀명자	○			◎	○	식토	○	빠름	흰 꽃도 있다.
밤나무		○			○	식토	○	빠름	♀♂ 같은 종
뽕나무	○				○	양토	○	빠름	♀♂ 이종 또는 같은 종. 누에의 사료
느티나무	○				○	양토	○	보통	♀♂ 같은 포기
공초밥나무	○			◎		양토	○	빠름	
목련					◎	양토	○	빠름	
채진목	○				○	양토	○	빠름	별명 윤여리아재비
벗나무류	○	○			○	양토	○	빠름	종류는 많음
석류	○		○	◎	○	양토	○	보통	
배롱나무	○		○	○	○	사토	○	빠름	백, 홍, 보라 각종. 별명 백일홍

수목명	꺾꽂이	접붙이기	휘묻이	포기나누기	실생	토양	음양	생장	메모
아왜나무	○			○	○	식토	◐	빠름	방화성(防火性)
산사나무	○		○		○	사토	○	빠름	
산수유	○	○			○	양토	○	보통	
초피나무					○	식토	◎	빠름	♀♂ 이주(異株). 암나무를 사용함
조팝나무	○			◎	○	식토	○	빠름	
처진회화나무	○	○			○	양토	○	빠름	
일본조팝나무				○	○	양토	○	빠름	
자작나무	○				◎	식토	○	빠름	♀♂ 같은 종
사람주나무					○	양토	○	보통	♀♂ 같은 종. 가을 단풍이 든다.
가죽나무				○	○	양토	○	빠름	별명 가죽나무
범줌나무	○				○	양토	○	빠름	이과(科)의 총칭. 가푸라타나스
아그배나무	○				○	양토	○	보통	별명 아그배나무, 아기해당화
자두나무	○	○			○	식토	○	빠름	
멀구슬나무					○	양토	○	빠름	
왕벚나무	○	○			○	양토	○	빠름	별명 요시노벚나무
골병꽃	○				○	식토	○	빠름	
참죽나무				○	○	식토	○	빠름	
데이코	○		○	○	○	양토	○	빠름	별명 엘리스리나 열(熱), 난대성
만천성(滿天星)	○				○	사토	◐	보통	
왜황납판환	○				○	식토	○	빠름	
칠엽수		○			○	양토	○	빠름	마로니에와 같은 과
물푸레나무류					○	사토	○	보통	쇠물푸레, 들메나무
황철나무	○					사토	○	빠름	♀♂ 이주(異株)
배나무		○			○	양토	○	빠름	개량품종은 많음
뜰보리수	○				○	사토	○	빠름	
대추나무	○			○		식토	○	빠름	열매는 식용
가마목	○				○	식토	○	보통	가을 단풍과 빨간 열매는 예쁘다.
오구(조구)나무					○	식토	○	빠름	♀♂ 같은 포기 홍엽이 아름답다.
금수병꽃나무	○				○	양토	○	빠름	
화살나무	○				○	양토	◐	보통	꽃은 흰색에서 암흑색으로 변한다.
아카시아나무	○			○		양토	○	빠름	줄기나 가지에서 콜크질의 날개가 나온다.
신앵도나무	○		○	○		양토	○	빠름	내한성, 공해에 강함. 별명 하리엔쥬
홑옥매	○		○	○		양토	○	빠름	
말오즘나무	○				○	양토	○	빠름	꽃은 겹송이피기
오배자나무	○				○	양토	○	빠름	별명 붉나무
갯버들	○					사토	○	빠름	별명 내버들

수목명	꺾꽂이	접붙이기	휘묻이	포기나누기	실생	토양	음양	생장	메모
자귀나무					○	양토	○	빠름	
나무수국	○			○	○	식토	○	빠름	수국의 한무리
참단풍나무		○			○	식토	◐	보통	♀♂ 이주(異株) 또는 같은 주
싸리류	○			○	○	양토	◐	빠름	미야기의 싸리. 잡싸리 등
쪽동배나무					○	양토	○	빠름	
돌개회나무	○				○	양토	◐	빠름	
개암나무					○	식토	○	빠름	♀♂ 같은 주(株). 열매는 식용
검양옻나무		○			○	양토	○	빠름	♀♂ 이주(異株). 단풍이 아름답다.
꽃아카시아	○			○	○	양토	○	빠름	
박테기나무	○		○	○	○	식토	○	빠름	
해당화	○			○	○	식토	○	빠름	장미의 야성종(野性種)의 하나
느릅나무					○	사토	◐	빠름	이 종류의 총칭 가에룸.
오리나무					○	양토	○	빠름	♀♂ 같은 주(株)
붉오동	○			○	○	양토	◐	빠름	
이팝나무					○	사토	○	보통	♀♂ 이주(異株)
아기사라수	○				○	양토	◐	보통	여름동백의 일종. 전원용
휴가충충나무	○			○	○	식토	◐	빠름	
후지벚나무		○			○	양토	○	보통	별명 콩벗나무
부용	○			○	○	식토	○	빠름	분홍색, 노랑색 포의(包衣)가 아름답다. 난지성
포인세치아	○					양토	○	빠름	풀명자보다 높아진다.
명자나무	○	○	○	○	○	식토	○	빠름	
쉬땅나무	○			○	○	식토	○	빠름	
보리자나무					○	양토	◐	빠름	
모란	○	○			○	사토	○	보통	♀♂ 이주(異株)
참빗살나무					○	식토	◐	빠름	작약이나 실생 모란을 대목으로 한다.
풍년화	○	○			○	양토	○	보통	
세잎진달래	○				○	사토	○	빠름	
삼지닥나무	○				○	사토	◐	빠름	♀♂ 제지용(製紙用)
무궁화	○				○	식토	○	빠름	별명 연(꽃)
작살나무					○	양토	◐	빠름	
골담초	○			○	○	양토	○	빠름	
목련		○	○	○	○	사토	○	빠름	
복숭아류		○			○	사토	○	빠름	
사방오리					○	양토	○	빠름	♀♂ 동주(同朱)
황매화	○			○	○	양토	◐	빠름	포기서기가 됨.

수목명	꺾꽂이	접붙이기	휘묻이	포기나누기	실생	토양	음양	생장	메모
앵도	○			○	○	양토	○	빠름	
사과		○				양토	○	빠름	종류는 많음
개나리	○		○	○	○	양토	○	빠름	
연화진달래				○	○	사토	○	보통	접붙이기는 곤란함.
납매(臘梅)	○	○		○	○	식토	◑	빠름	

● 덩굴성의 것

수목명	꺾꽂이	접붙이기	휘묻이	포기나누기	실생	토양	음양	생장	메모
아이비	○		○	○	○	양토	●	보통	상록. 별명 양산충등
으름	○			○	○	양토	○	빠름	낙엽
모람	○					양토	◑	빠름	천선과나무의 한무리
송악(소밥)	○				○	양토	◑	빠름	
칡					○	양토	○	빠름	낙엽
크레마치스	○	○	○		○	양토	○	빠름	낙엽, 위령선이나 큰꽃으아리는 같은 속
남오자미	○			○	○	식토	◑	빠름	♀♂ 이주 상록
다래	○			○	○	양토	○	빠름	♀♂ 이주 낙엽
인동	○				○	식토	○	보통	낙엽. 별명 인동덩굴
관통인동	○					식토	○	보통	
덩굴	○				○	식토	○	빠름	낙엽. 별명 담쟁이 덩굴
덩굴옷나무	○					식토	○	보통	♀♂ 이주 낙엽, 수액(樹液)으로 덮인다.
노박덩굴	○					식토	○	빠름	♀♂ 이주 낙엽
덩굴볼레나무	○				○	식토	○	늦음	상엽(常葉). 별명 보리장나무
줄사철나무	○			○		양토	◑	보통	상엽(常葉)
시계꽃	○				○	양토	○	빠름	낙엽. 종류는 많음
애기등	○	○		○	○	사토	○	늦음	낙엽. 수습지(水濕地). 별명 동양등
능소화	○			○		양토	○	빠름	낙엽
패션프루스	○				○	양토	○	빠름	낙엽. 별명 과일시계꽃
부겐빌레아	○					양토	○	빠름	낙엽. 난지성으로 종류가 많음
등나무	○	○		○	○	식토	○	빠름	낙엽. 수습지(水濕地)
포도	○	○			○	양토	○	빠름	낙엽. 해가리개와 식용(食用)
개다래	○			○	○	양토	○	빠름	낙용(落用) 고양이족의 기호물
멀꿀	○	○			○	양토	○	빠름	같은 종. 별명 멀꿀.
목향장미	○	○				양토	○	빠름	

수목명	꺾꽂이	접붙이기	휘묻이	포기나누기	실생	토양	음양	생장	메모
● 난지성									
인도고무나무	○		○		○	사토	○	빠름	얼룩무늬도 많다. 데코라고무나무 등
카나리야자						사토	○	늦음	같은 종에 대추야자나무
크론톤	○					양토	○	빠름	잎의 색무늬를 관상한다. 상록.
선인장류	○	○	○	○	○	사토	◐	보통	종류가 많음. 상록.
종려죽				○		사토	●	늦음	♀♂ 이종. 상록. 같은 종에 관음죽.
드라세나	○		○			사토	○	늦음	상록.

드라세나의 뿌리줄기 눕힘

모래 또는 이끼

식물 번식법을 알 수 있는

접목 삽목의 실제

알기 쉬운 기법

1쇄 발행   2016년 9월 10일

편저자   권영한
펴낸이   남병덕
펴낸곳   전원문화사
주 소   서울시 강서구 화곡로 43가길 30 2층
          T.(02)6735-2100, F. (02)6735~2103
등 록   1999. 11. 16. 제1999-053호

Copyright © 1988, by Jeon-won Publishing Co.
이 책의 내용은 저작권법에 따라 보호받고 있습니다.

잘못 만들어진 책은 바꾸어 드립니다.